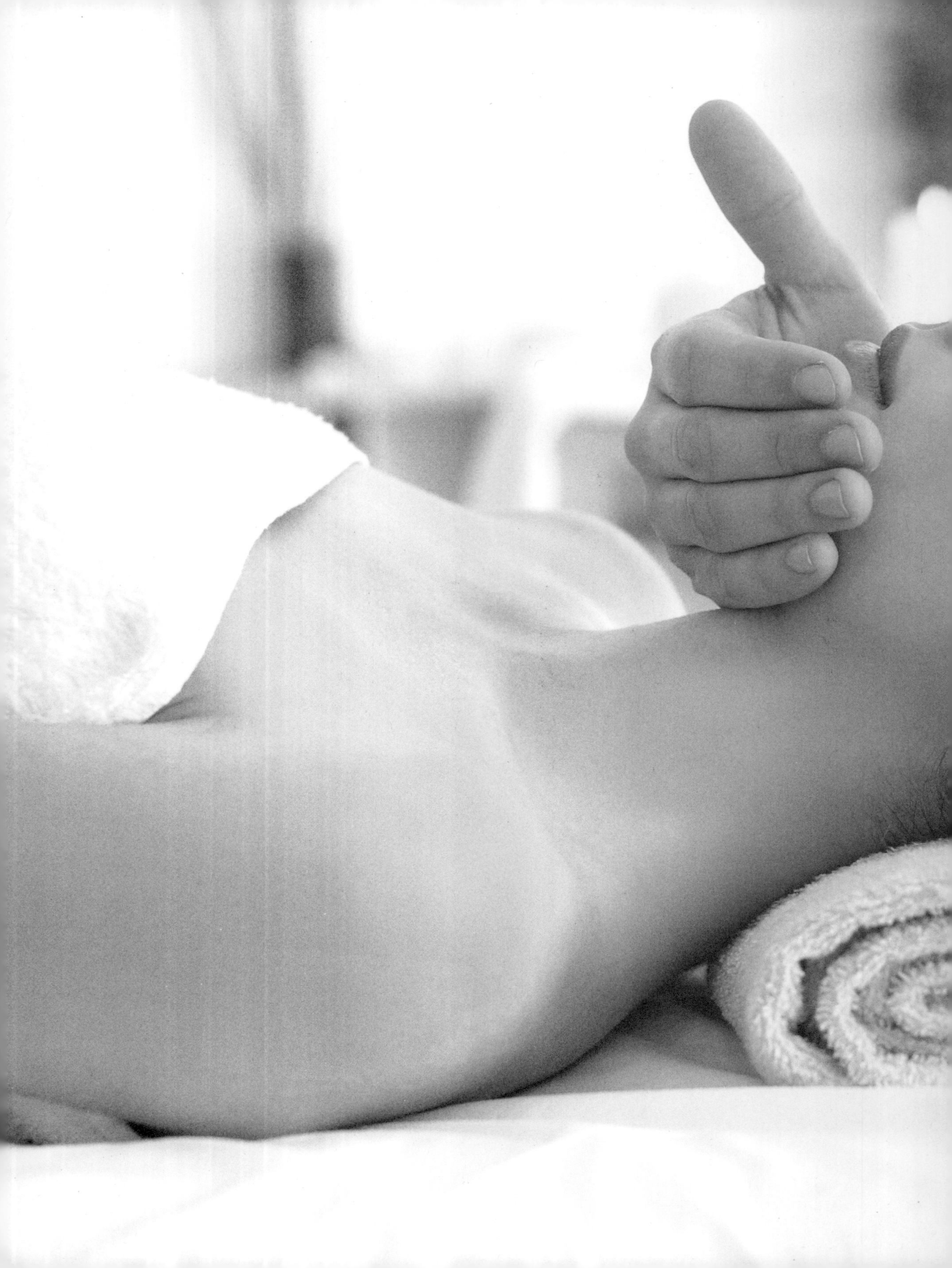

국가직무능력표준

피부미용
얼굴관리

메디시인

머 리 말

빠르게 발전하고 있는 뷰티산업은 경제 활성화 정책에 힘입어 일자리 창출에 유리한 산업으로 각광받고 있으며 K–beauty의 지속적 발전과 피부미용 산업의 확대로 피부미용 분야는 건강과 보건이 뒷받침된 다양한 직업군으로 형성되고 있으며 관련 자격증도 세분화 되어가고 있는 추세입니다

피부미용산업은 고용창출이 활발한 고부가 가치 산업으로 현장 실무능력과 기본 소양을 겸비한 전문 인력을 요구하고 있습니다.

따라서 피부미용 관련 교육기관은 피부미용 산업의 요구에 부응할수 있도록 체계적 교육을 받은 전문인력을 양성해야하는 사회적 책무를 가지게 되었습니다.

본 교재는 피부미용 전문가가 되기 위하여 처음 접하는 학습자가 쉽게 다가와서 공부할수 있도록 가능한 피부와 관련된 이론분야를 압축하였으며 얼굴관리를 위한 산업현장에서 얼굴관리 업무를 성공적으로 수행하기 위해 요구되는 직업능력을 현장감을 살려 체계적으로 도출해 표준화하려는 시도를 하였습니다.

더불어 피부미용에 대한 지식을 재미있게 쌓고 앞으로 피부미용 분야에 대하여 많은 관심과 호기심을 가지고 연구할 수 있도록 고객의 피부를 분석하는 첫 단계에서부터 얼굴관리 마무리 단계까지 많은 그림과 사진을 제공하여 학생들이 쉽게 이해할 수 있도록 전 과정을 상세히 소개하였고 피부미용 산업체의 요구에 적합한 인성, 전공지식, 미용기술의 통합적 능력을 지닌 전문직업인으로써 직무능력을 발휘할수 있는 교재가 되도록 노력하였습니다.

또한 2014년도에 개발되었고 2017년도에 개정된 NCS를 일부분 참고로 하였습니다. NCS는 실력과 능력이 존중받는 사회구현을 위한 일환으로 국가직무 능력 표준(NCS: National Competency Standards)을 구축하였고 산업현장의 일중심으로 개발된 교육과 훈련과정의 체계입니다.

따라서 Chapter 피부미용 얼굴각질관리, 피부미용 눈썹미용관리, 피부미용 얼굴 매뉴얼테크닉, 피부미용 얼굴 팩·마스크는 NCS분류 체계에 따라 집필하였습니다.

저자들이 직접 강의를 하면서 느낀점을 바탕으로 피부미용 산업현장에서 고객에게 서비스를 시작하는 단계에서부터 마무리 단계까지의 전 과정에 중점을 두어 교재의 순서를 정하였습니다.

부디 본 교재가 피부미용을 배우고자하는 학생, 교육기관, 현장에 도움이 되길 바라며 학생들을 지도하는 첫걸음의 책이 되었으면 하는 바램입니다.

끝으로 이 책이 나오기까지 출판 편집과 교정을 봐주신 메디시언 임직원 여러분께 감사드립니다

경자년 새봄에
저자 일동

차례

Contents

Chapter 03 피부미용 준비 및 위생관리

Chapter 04 피부미용 피부분석

차례

Chapter 05 피부미용 얼굴 각질관리

Chapter 06 피부미용 눈썹 미용관리

Contents

Chapter 07 피부미용 얼굴 매뉴얼 테크닉

Chapter 08 피부미용 얼굴 팩·마스크

Chapter 1
피부미용 개론

1. 피부미용 이해
2. 피부미용 역사

Chapter 1 피부미용 개론

1. 피부미용의 이해

1. 피부미용의 정의

국가직무표준NCS, National Competency Standard에 제시된 피부미용의 정의는 "피부미용은 고객의 상담과 피부분석을 통하여 안정감 있고 위생적인 환경에서 얼굴과 몸매의 피부에 피부미용기기 및 기구와 화장품 등을 이용하여 서비스를 제공하고 피부미용에 대한 업무수행을 기획, 관리하는 일이다."라고 하였다.

우리나라에서는 피부미용, 피부관리, 에스테틱미적인, 미를 살려서 만든, 코스메틱화장품을 총칭 또는 외관을 향상시키는 작업이라는 용어로 사용되고 있다.

나라별 피부미용 용어 *Check Point*

미국 : Skin beauty, Skin care, Esthetic, Cosmetic
독일 : für die Haut, Hautpflege, Estetik, Kosmetik
중국 : 皮膚護理
프랑스 : beauté de la peau, Gestion de la peau, Estérisme, Cosmatic
일본 : はだびよう, ひふかんり, エステティック ,コスメチック
영국 : Esthetic, Cosmetic
이탈리아 : Cosmetica, cura della pelle, Estetico, Cosmico

2. 피부미용의 목적

세안, 자극, 침투, 보호의 과정을 통하여 피부의 생리적 기능 유지, 피부 항상성 유지, 피부 자연치유력 향상, 미용적 조형효과, 심신의 안정, 노화예방, 건강한 피부로 가꾸는데 목적을 두고 있다.

3. 피부미용사의 직무영역과 활동영역

공중위생관리법 시행령 제4조에 의한 공중위생영업 미용업(피부)은 "의료기기나 의약품을 사용하지 아니하는 피부상태 분석, 피부관리, 제모, 눈썹 손질을 행하는 영업"이라 하였다.

이에 따라 피부미용사는 주로 일반 피부관리실에스테틱, 피부과 부설 피부관리실, 스파 등의 관리숍에서 피부관리사로 일을 하거나 피부관리실, 화장품 판매숍을 운영하는 자영업자로 활동하고 있다.

교육 분야로는 고등학교나 대학교 · 평생교육원 · 문화센타 · 학원 · 사회복지관 등에서 교사나 강사로 또는 화장품산업과 관련한 분야로는 제품기획 및 연구원, 교육강사, 영업직, 미용 컨설턴트, 미용기기업체 등의 분야로 진출하여 활동하고 있다.

2. 피부미용의 역사

1. 서양의 피부미용 역사

(1) 고대 이집트 시대

의술 · 향료와 미용술을 포함한 과학이 발달한 시대이면서, 절대왕권을 중심으로 한 계급사회가 형성된 시대이다. 계급의 차등을 위해 의복 · 가발 · 메이크업 · 장신구 등에 차별을 두었으며, 이 시대의 미용술은 종교의식과 함께 정화의식의 형태로 행해졌다. 아름다움을 표현하기보다 종교적 이유로 제사 전에 향유를 뿌리거나 악령을 쫓기 위해 눈 화장을 짙게 하였다.

또한 건조한 아열대성 기후로 벌레나 강렬한 햇빛으로부터 눈과 피부를 보호하기 위해 올리브유, 아몬드유, 염료, 꿀 등을 향유와 혼합하여 사용하였다는 기록이 있다. 더운 기후로 청결을 목적으로 하는 목욕법의 체계를 이루기도 했는데, 대표적으로 이집트의 여왕 클레오파트라Cleopatra는 당나귀 우유 목욕과 어린이 오줌 목욕을 즐겼다고 한다.

(2) 고대 그리스 시대

BC 776년부터 시작된 고대 그리스 시대는 철학과 문학이 태동하였고 많은 도시국가가 생긴 시대이다. 건강한 정신은 건강한 신체에서 비롯된다고 보았으며, 의학의 대가 히포크라테스Hippocrates는 건강한 아름다움을 원한다면 미용식이, 일광욕, 목욕과 마사지를 하라고 권장하였다.

냉수욕, 온수욕, 증기욕, 약물목욕 등의 다양한 목욕문화가 발달하였고 목욕 후 마사지와 향료의 사용을 중요하게 생각한 시대였다.

(3) 로마 시대

그리스의 목욕문화를 이어받아 더욱 체계적이고 전문적인 목욕문화로 발전시켰는데, 로마시대 초기 온탕과 한증 사우나가 주를 이루다가 네로 황제가 대형 목욕탕을 지으면서 목욕문화가 더욱 세분화되었다. 목욕 후에는 오일과 향 제품들을 사용하였고 전신체조로 아름다운 몸매를 유지하였으며, 레몬 · 염소 젖 · 우유 등을 혼합하여 마사지를 하며 흰 피부를 유지하였다.

(4) 중세 시대

왕권은 약화되고 교황권이 강화되었으며, 기독교 영향의 금욕적 생활로 미용 행위가 엄격하게 금지되었던 시대이다. 공중목욕탕이 생기면서 서민층에까지 목욕문화가 전파되었으나, 성병 및 페스트가 유행하면서 공중목욕탕은 폐쇄되었고 체취를 감추기 위해 목욕 대신에 향수를 뿌림으로써 향수 발전의 계기가 되기도 하였다.

현대 아로마의 시초가 되는 약초 스팀법이 개발되어 끓는 물에 로즈마리rosemary, 샐비어salvia 등의 약초를 넣어 얼굴에 수증기를 쐬기도 했다.

이발사를 겸한 외과 의사처럼 미용과 의료 영역을 함께 취급하는 직업군이 생기기도 하는 등, 미용과 의학이 공식적으로 분리되어 있지는 않았다.

(5) 르네상스 시대

교황권이 막을 내리면서 종교개혁을 통한 인간중심의 문화를 창조하던 시대이다. 동서양 문물의 교류가 시작되었고, 남녀 모두 외모에 신경은 많이 썼으나 위생에 대한 관념이 부족하여 체취를 감추기 위해 강한 향수를 사용하였다. 하얗고 맑은 피부로 가꾸기 위해 알코올, 우유, 약초 추출물, 꿀 등을 혼합하여 화장수를 만들어 피부 관리를 하였다.

(6) 바로크, 로코코 시대

사치스런 의복과 과도한 장식, 헤어, 메이크업, 향수가 유행하던 시대이다.

하얀 피부로 가꾸기 위해 레몬과 달걀 흰자를 이용하여 피부 관리를 하였고, 얼굴에 잡티나 상처를 가리기 위해 옷감이나 가죽의 작은 조각인 뷰티 패치beauty patch를 붙였다. 태양과 바람으로부터 얼굴을 보호하기 위해 부채를 사용하게 되었는데, 부채는 후에 장식용으로 자리잡게 되었다.

(7) 근대

과학기술이 발달한 산업혁명시대로, 위생과 청결개념이 중요시되면서 비누 사용이 보편화되었다. 왕족이 주로 사용하던 크림 로션들을 일반 시민들도 사용할 수 있게 되었으며, 천연재료들을 이용하여 마스크와 팩을 만들어 사용하였다.

독일 의사인 후페란트Christoph Wilhelm Hufeland, 1762~1836는 젊음과 숙면을 위해 마사지를 권장하였으며, 체조와 생리학을 연구한 스웨덴의 피터링Pehrhendrick Ling, 1776~1839에 의해 스웨디시 마사지swedish massage가 발전되었다.

(8) 현대

미용 분야도 다양한 이론과 첨단 미용, 의료 기술 등의 발전으로 보다 체계적이고 과학적으로 변화되었다. 화장품의 종류가 많아지고 대량생산이 가능해지면서 미용은 대중화되었고, 자연스런 피부의 건강과 아름다움을 추구하였다. 프랑스의 바렛트Barrett교수는 전기적 자극과 기기가 피부와 피부의 신진대사에 영향을 미치는 것을 증명하며 전기 피부미용의 학문적 토대를 마련하였다. 1946년 시데스코CIDES-CO, 국제피부관리협회가 스위스 취리히에서 결성되었으며, 국제 자격증으로서 국제적인 교류와 발전에 기여하고 있다.

2. 한국의 피부미용 역사

(1) 고조선 시대

우리의 조상들도 서양의 역사처럼 하얀 피부에 대한 선망이 강했는데, 단군신화에 쑥과 마늘을 피부 미백을 위해 복용하였다는 기록이 있다. 추위로부터 피부를 보호하기 위해 겨울에는 돼지기름을 발라서 피부 관리를 하였고, 미백효과를 위해 말갈인들은 오줌으로 세수를 하였다.

(2) 삼국 시대

불교의 영향으로 향과 목욕 문화가 발달한 시대이다.

① **고구려** : 신분과 빈부의 차별 없이 화장을 하고 치장을 하였다.

② **백제** : 화장품 제조기술과 화장법을 일본에 전수했다는 일본문헌의 기록이 있다.

③ **신라** : 화장, 옷차림, 머리, 백분, 향수, 향료를 즐겨 사용하였다.

(3) 고려 시대

신라의 영향을 많이 받았으며 청결에 대한 개념이 강조되어 혼욕과 향 목욕이 발달하였다.

(4) 조선 시대

유교사상의 영향으로, 외면보다 내면의 아름다움을 중시하여 화려함보다는 단아하고 깨끗함에 신경을 쓰던 시대이다. 목욕을 즐기고, 맑은 피부를 위해 미안수美顔水, 로션와 미안법美顔法, 팩으로 피부 관리를 하였다. '규합총서閨閤叢書'에는 이 같은 미용의 방법들이 잘 기록되어 있다.

(5) 근대

개항과 일제강점기가 포함된 시기이다. 1915년 박가분이 제조 · 판매되었고 1918년 특허국으로부터 상표등록증을 교부받아 우리나라 최초의 화장품이 되었다. 1920년 미백로션인 연부액軟膚液, 1922년 머릿기름, 미백 로션, 연향유, 금강액, 유백금강액 등을 개발, 제조, 발매하였다.

(6) 현대

광복 이후부터 현재에 이르는 시기이다. 1950년대에는 수세미와 오이로 증류수를 받아 화장수로 사용하는 등 화장품을 직접 만들어 사용하다가, 1960년대 화장품 산업이 본격적으로 발전하면서 기초화장품의 종류가 다양화되었다. 1971년 '미가람'이라는 국내 최초의 피부관리실이 열렸고, 1981년 YWCA에서 독일의 피부미용을 도입하였고 '피부관리사'라는 명칭을 처음으로 사용하기 시작했다.

우리나라는 1986년 CIDESCO국제피부관리협회의 정식회원국으로 가입하였으며, 1991년 국내 2년제 대학에 피부미용과가, 1999년 국내 4년제 대학에 피부미용 학부과정이 신설되었다. 2007년 7월 국가자격증으로 채택되어 2008년 12월부터 미용사(피부) 국가자격증시험이 시행되고 있다.

Chapter 2

피부구조와 기능

1. 피부의 구조
2. 피부의 부속기관
3. 피부의 생리기능

Chapter 2

피부구조와 기능

1. 피부의 구조

피부는 인체의 외부 표면을 가장 바깥에서 덮고 있는 기관이며, 우리 몸을 보호해 주고 건강과 생존에 매우 중요한 역할을 담당하고 있다.

피부는 표피Epidermis, 진피Dermis, 피하조직Subcutaneous tissue으로 구성되어 있다.

피부의 두께는 부위에 따라 다르지만 표피와 진피를 합한 피부의 평균 두께는 1~4mm이며, 표면적은 1.6m^2여성 ~ 1.8m^2남성이며, 평균 성인 체중의 약 16% 내외이다. 피부는 촉각 · 압각 · 통각 · 온각 · 냉각 등을 감지하고, 땀과 피지분비, 체온조절을 하며, 비타민 D를 생성하고 저장하는 일을 한다. 외부의 물리적, 화학적 자극으로부터 인체를 보호하는 역할을 한다.

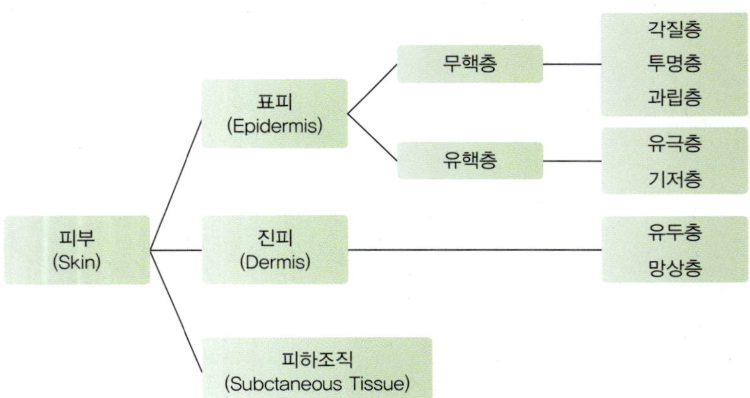

그림 2-1 피부의 분류

1. 표피Epidermis

① 외부로부터 유해물질의 침입을 방어

② 체내 물질이 밖으로 빠져 나가지 못하게 보호

③ **각화과정** : 기저층에서 분열된 세포가 각질층으로 밀려 올라와 죽은 각질이 되어 탈락되기까지의 과정을 말한다. 대략 28일 정도 소요되며, 노화과정에 따라 주기는 길어진다.

(1) 표피의 구조와 기능

1) 각질층Horny layer

① 피부의 가장 바깥층에 위치, 라멜라lamella 구조벽돌 구조

② 핵이 없는 죽은 세포무핵세포, 납작한 비늘 모양

③ 대략 20개 정도의 층을 겹겹이 이루고 있으며, 개인의 피부 유형과 피부 상태에 따라 다소 차이를 보임.

④ 수분함량은 대략 10~20% 정도, 10% 이하로 떨어질 경우 피부 건조 및 거칠어짐, 예민증상이 나타남.

⑤ 각질층의 수분함량은 피부표면의 탄력성 유지, 피부손상 방지에 매우 중요

⑥ **주성분** : 케라틴keratin, 58%, 각질세포간 지질11%, 천연보습인자 N.M.F. 38%

2) 투명층Clear layer

① 핵이 없는 죽은 세포무핵세포, 대략 2~3층으로 구성

② 반유동성단백질엘라이딘, Elaidin이 있으며, 빛을 차단, 수분 침투방지, 피부를 윤택하게 해줌.

③ 주로 손바닥이나 발바닥에 잘 발달되어 있고 나머지 부위에도 매우 얇게 퇴화된 듯이 미세하게 존재함.

3) 과립층Granular layer

① 방추형, 편평 납작한 과립세포, 대략 2~5층으로 구성

② 실질적인 각질화 과정이 처음 시작되는 세포층

③ **수분함유량** : 대략 30% 정도

④ 외부의 침투에 대한 방어막 역할, 피부 내부의 수분 증발을 막아주어 피부 건조를 방지

표피의 역할 *Check Point*

① 케라토히알린Keratohyalin이라는 각질 유리 과립이 형성되어 핵을 죽이기 시작하고, 수분이 감소함.주성분 : 단백질, 핵산, 지질 및 당분

② 유황단백질Sulfurprotein을 함유하고 있어서 빛의 굴절을 통해 피부를 맑게 하는 효과

③ 수분 저지막레인 방어막, Rein membrane : 수분증발 억제, 표피의 방어막 역할

- 투명층 아래에 위치, 물리적 압력, 화학적 물질의 흡수 저지, 피부염 유발 억제
- 레인 방어막 윗부분인 피부 표피 쪽은 약산성, 10~20% 정도의 수분 함유
- 레인 방어막 아랫부분인 피부 안쪽은 약 알칼리성, 70~80% 정도의 수분 함유

4) 유극층Prickle layer

① 표피의 대부분을 차지하는 가장 두터운 층

② 대략 5~10개의 층으로 살아 있는 유핵 세포

③ 유극층 세포는 과립층 가까이 올라갈수록 세포의 모양이 납작하게 변함.각 세포 사이의 공간도 현저히 줄어듦.

④ 가시 모양처럼 연결되어 있어서 가시층이라고도 함.

⑤ 피부의 면역기능 담당, 랑게르한스 세포Langerhans cell 존재

⑥ 세포 사이의 세포간교를 통해 림프액이 흐르고, 표피의 영양공급, 노폐물 배출 및 물질교환이 이루어짐.

⑦ **수분함량** : 대략 70% 정도

5) 기저층Basal layer

① 표피의 가장 아래 위치

② 한 개의 단층으로 구성핵이 살아 있는 원주형 모양의 유핵세포

③ 새로운 세포를 생성하고 분열함.

④ 물결 모양으로 기저층과 진피층의 경계를 이루고 있음.

⑤ 물결 모양의 요철이 깊고 많을수록 젊고 탄력 있는 피부

⑥ 물결 모양이 편평한 모양일수록 기능이 저하된 노화 피부

⑦ 산소와 영양분을 모세혈관으로부터 공급받음

⑧ 기저 세포막이 물질 이동 통제

⑨ 촉각을 담당하는 메르켈 세포Merkel cell 존재

⑩ 기저세포각질세포는 활발한 세포분열을 통해 새로운 세포 생성

⑪ 멜라닌 세포색소세포도 존재하며, 피부의 색을 결정해줌

⑫ 각질세포 4 : 색소세포 1 또는 10 : 1의 비율로 분포

⑬ **수분함량** : 대략 70% 정도

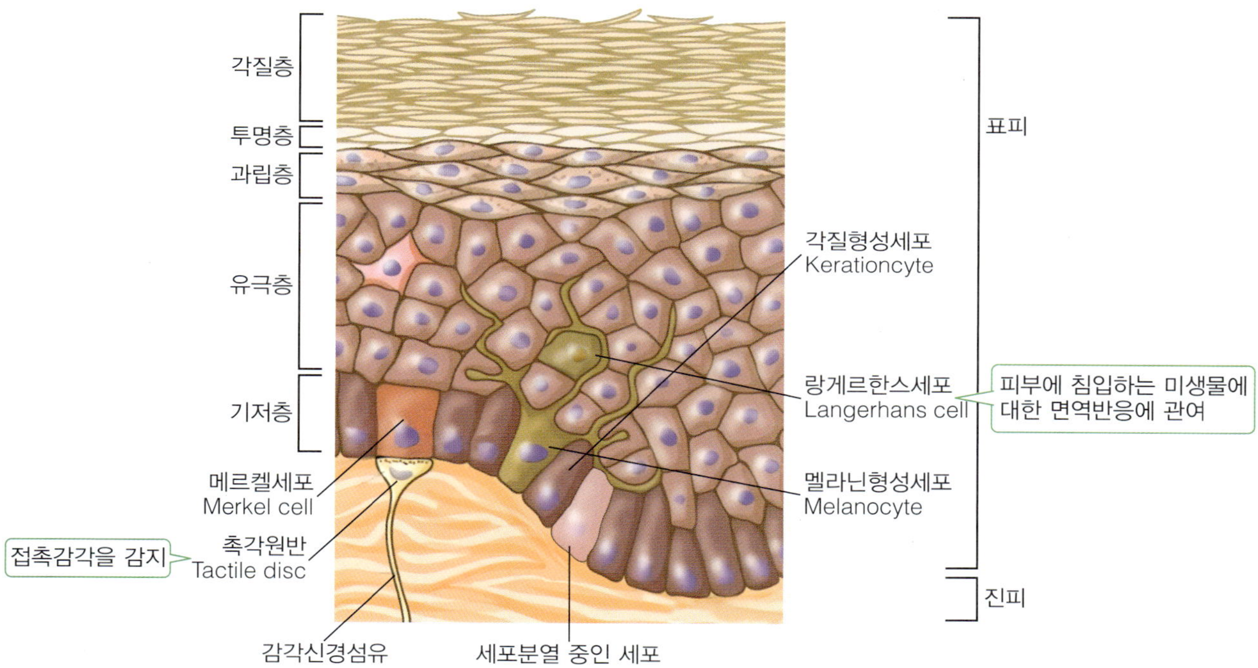

그림 2-2 표피의 구조

(2) 표피의 주요 구성세포

1) 각질 형성세포Keratinocyte

① 표피를 구성하는 세포의 약 90% 이상 차지

② 각질형성세포의 약 10%는 줄기세포로 존재

③ 기저층에서 생성된 기저세포가 각 단계를 거쳐 각질층까지 이동되는 과정을 각화과정이라고 함각질화 : kerationization

④ 각화과정은 대략 28일 정도

2) 멜라닌 형성세포Melanocyte

① 표피를 구성하는 세포의 약 4~10% 차지

② 하나의 멜라닌 세포수지상 돌기세포는 많은 각질세포와 이웃하고 있음.

③ 멜라닌 세포는 이웃하고 있는 각질세포에 옮겨져 피부에 색소를 저장함.

④ 피부의 색을 결정하는 중요한 요소 중 하나

⑤ 인종, 성별에 관계없이 멜라닌 세포 수는 동일

⑥ 기저층에 위치하여 자외선으로부터 피부손상을 막아 주는 보호기능

3) 랑게르한스 세포Langerhans cell

① 표피를 구성하는 세포의 약 2~8% 차지

② 가시 모양의 세포질 돌기를 가진 수지상 세포로 주로 유극층에 존재

③ 표피의 각질세포 사이에 존재

④ 면역 반응, 알레르기 반응, 바이러스 감염 방지에 중요한 역할

4) 메르켈 세포Merkel cell, 촉각, 인지 세포

① 기저층에 위치

② 불규칙한 모양의 핵, 신경섬유의 말단과 연결

③ 신경의 자극을 뇌에 전달하는 촉각 수용체

2. 진피Dermis

① 표피의 기저층과 피하조직 사이에 위치하고 있는 불규칙적 치밀 아포섬유 결합조직

② 피부의 약 90% 차지

③ **수분함량** : 표피의 약 60% 정도

④ 피부의 탄력과 윤기유지

⑤ 피부의 부속기관인 한선, 피지선, 신경, 림프관, 모발과 혈관, 지각 신경, 입모근 등이 위치

⑥ 진피의 혈관은 특히 표피 부속기관 부위에 잘 발달

⑦ **구성세포** : 섬유아세포콜라겐collagen, 엘라스틴elastin, 기질ground substance, 비만세포, 대식세포 등

(1) 진피의 구조와 기능

1) 유두층Papillary layer

① 표피의 기저층 밑에 위치

② 전체 진피의 약 10~20% 차지

③ 혈관성 유두, 신경성 유두로 분포

④ 신경전달 기능과 감각기관인 촉각과 통각 위치

⑤ 유두층의 배열은 피부 표피에 요철을 형성, 이로 인해 개인마다 다른 지문을 형성

⑥ 혈관분포가 없는 표피에 영양공급과 산소공급 및 신경전달 역할

⑦ 세포의 대사활동 능력에 따라 피부 표면의 매끄러움, 탄력, 긴장감을 줄 수 있음.

⑧ 손상 시 흉터 발생

2) 망상층Reticular layer

① 단단하고 불규칙한 그물 모양의 결합조직

② 굵은 교원섬유와 탄력섬유가 뒤엉켜 매우 치밀하게 구성

③ 진피의 약 80~90% 차지, 피부의 유연성 조절

④ 콜라겐과 엘라스틴이 붕괴하면 노화현상 초래

⑤ 노화가 진행되면 진피의 주성분인 콜라겐이 서서히 감소

⑥ 콜라겐과 엘라스틴, 뮤코 다당류의 감소는 피부 수분보유상태의 저하를 초래하여 주름의 원인

⑦ 감각 수용체인 압각, 한각, 온각이 위치

⑧ 모낭, 혈관, 림프관, 신경, 한선, 입모근, 피지선 등이 분포

⑨ **섬유의 배열**일정한 방향선 : 랑게르선Langer's line

⑩ 콜라겐과 엘라스틴 사이에 뮤코 다당류가 겔 상태로 분포

피부 분할선Skin minimal tension line, Langer's line

Check Point

근육의 수축과 함께 피부의 움직임으로 생겼으며, 나이가 들어감에 따라 발달한다. 피부 분할선은 근육과 직각이 되게 놓여 있으며, 진피층의 콜라겐 섬유다발의 방향을 나타내며, 외과적 수술 시 피부 절개선이 분할선의 방향을 맞춰 시술하면, 수술 이후 절개선에는 미세한 흔적만 남게 된다. 반면 분할선 방향을 맞추지 않고 시술을 하면 큰 흉터가 남게 된다.

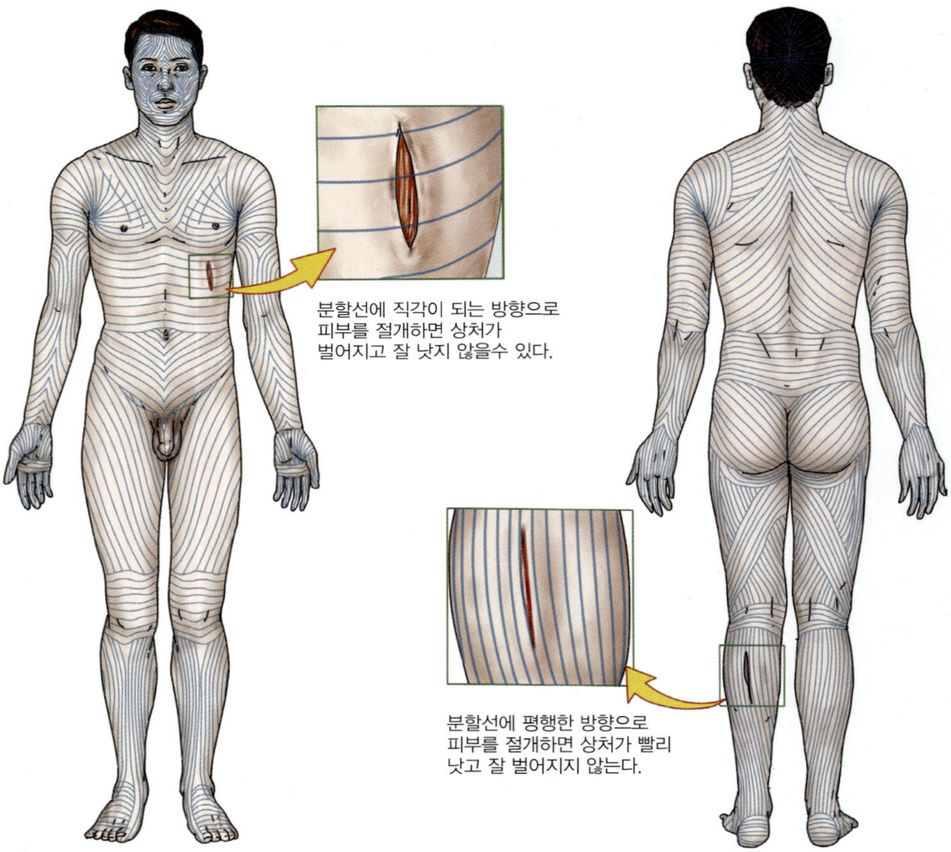

그림 2-3 피부의 작은 분할선

(2) 진피의 주요 구성세포

1) 교원섬유콜라겐, Collagenous fiber

① 백색인 교원섬유는 인체의 뼈, 인대, 힘줄에 많이 분포

② 세포성장, 기관의 형성, 생리적 기능을 수행

③ 진피의 약 90% 차지 콜라겐

④ 콜라겐은 자외선으로부터 피부보호, 주름 예방

⑤ 세포와 세포를 연결하는 접착제 역할

⑥ 굵은 섬유 조직은 단백질 형성, 진피의 장력을 제공, 기계적·화학적·생리적 외부자극에 대한 저항력이 강함.

⑦ 과다하게 생성 시 질병 유발

2) 탄력섬유엘라스틴, Elastic fiber

① 고무와 같이 당기면 1.5배까지 늘어남.

② 교원섬유에 비해 길이가 짧고 가느다람

③ 피부에 탄력성을 주는 역할스프링 역할

④ 진피의 약 2~5% 차지

⑤ 황색을 띄며, 각종 화학물질에 대해 저항력이 강함.

⑥ 노화되면 탄력성 저하, 영양결핍으로 인한 위축된 피부 초래

3) 기질Ground substance

① 진피의 섬유성분과 세포 사이를 채우고 있는 물질

② **주요 성분** : 히알루론산Hyaluronic acid, 콘드로이틴 황산Chondroitin sulfate, 헤파린 황산Heparin sulfate

③ 친수성 다당체로 물에 녹아 있는 점액상태

④ 히알루론산은 80% 정도의 수분을 끌어당김, 수분 유지능력이 가장 뛰어남.

⑤ 기질의 높은 점도는 다른 조직을 지지

⑥ 세포를 섬유성분과 연결하여 증식, 조직재생, 분화 등에 영향을 줌.

4) 비만세포Mast cell

① 피부나 대장을 둘러싸고 있는 결합조직에 분포

② 히스타민이 모세혈관 확장을 유도해 피부에 붉음증을 유발

3. 피하조직Subcutaneous tissue

① 진피와 뼈, 근육 사이에 존재, 피부의 가장 아래 위치

② 그물 모양으로 밀고, 잡아당기는 성질을 지닌 느슨한 결합조직

③ 혈관, 림프관, 신경관 등이 함께 연결

④ 성별, 연령, 신체의 영양상태, 부위에 따라 분포와 두께가 다름

⑤ 등과 엉덩이에 가장 많이 분포, 코 부위 가장 적게 분포

⑥ 지방 축적의 차이에 따라 체형이 결정

⑦ 열 차단, 충격흡수쿠션 역할, 영양소 저장

⑧ 여성 호르몬과 관계가 있으며, 신체의 곡선미 부여

⑨ 여성이 남성보다 두꺼우며, 중년으로 접어들면 더 두꺼워짐.

⑩ 피부 표면이 오렌지 껍질처럼 울퉁불퉁한 셀룰라이트가 생기기 쉬움.

셀룰라이트Cellulite란? *Check Point*

과도한 지방, 조직액의 축적은 혈액순환, 림프순환을 저해시켜 피하지방층을 두꺼워지게 하며, 진피와 표피가 위로 밀려나게 됨으로써 피부 표면이 오렌지 껍질처럼 울퉁불퉁해 진다. 이를 또한 '체액정체 울혈현상'이라고도 한다.

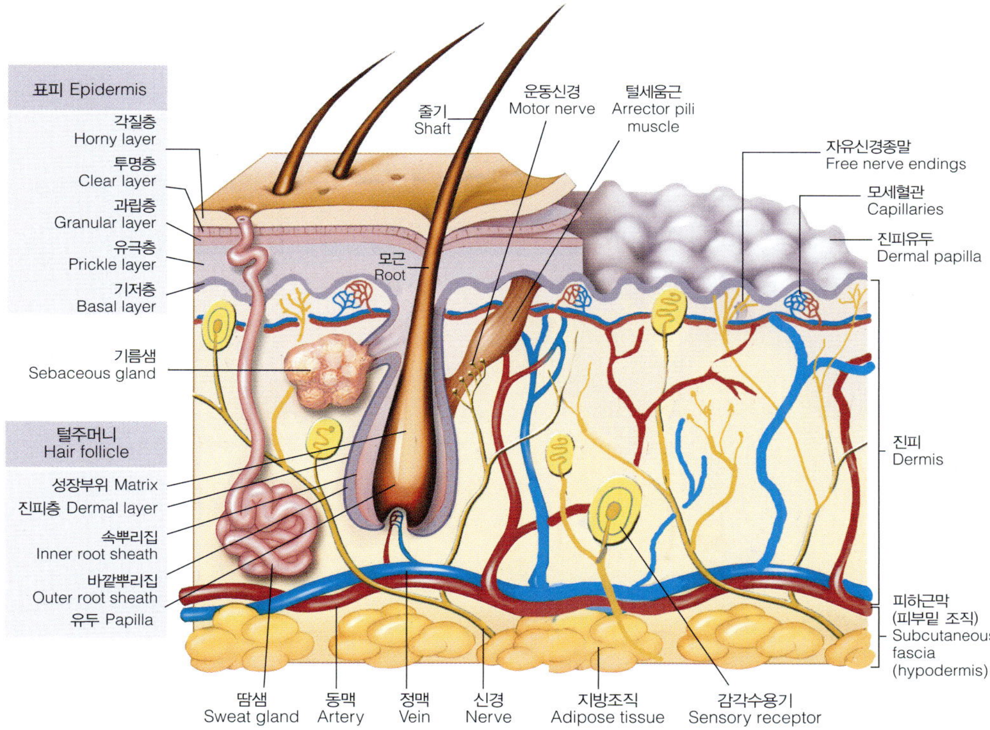

그림 2-4 피부의 단면

2. 피부의 부속기관

피부에는 표피, 진피, 피하조직이 존재하며 피부가 변형되어 생긴 한선, 피지선, 모발, 조갑 등의 부속기관이 있다.

1. **피지선**기름샘, Sebaceous gland

피지선은 진피층의 입모근 바로 위에 위치하고 있다. 작은 주머니 모양꽈리 모양을 하고 있으며, 분비된 피지는 한선에서 분비된 땀과 함께 모공을 통해서 배출되어 피부표면에 피지막을 형성해 준다. 주로 안면과 두피에 풍부하게 분포되어 있으며 손바닥 · 발바닥을 제외하고는 거의 전체 피부에 분포되어 있다. 피지선의 수는 몸의 위치에 따라 다르다. 즉, 머리카락이 난 부분, 얼굴, 가슴, 등, 팔 · 다리 순으로 많이 분포되어 있다.

피지선은 모낭에 연결되어 있으나, 모낭과 관계없이 피부 표면에 피지를 분비하는 독립피지선도 있다. 구강점막, 안검, 입술 경계부위, 유륜이 여기에 해당한다.

피지선은 사춘기에 최고로 발달하고 노화됨에 따라 서서히 퇴화한다.

2. 한선땀샘, Sweat gland

한선은 진피 깊숙이 또는 피하조직 속에 위치하고 있으며, 크게 대한선과 소한선으로 분리되어 있다.

(1) 대한선Apocrine sweat gland

진피의 깊숙한 곳에 분포하고 있으며, 모낭의 상부에 발달되어 있다.

소한선보다 크기가 크며 유기물을 다량 함유한 분비물이 배출되는데 이 분비물의 농도는 짙고 끈적거림이 느껴진다. 피부 표면에 도달하기까지는 냄새가 없으나, 피부 표면에서 세균에 의해 냄새가 난다. 이를 개인 특유의 체취 또는 액취증이라고 한다.

(2) 소한선Eccrine sweat gland

진피의 망상층과 피하조직 사이에 위치하며 피부 표면까지 연결되어 있다.

대한선보다 분비물의 농도가 묽기 때문에 소한선이라고 한다. 소한선에서 분비된 땀은 자외선으로부터 피부보호 및 수분을 보유해 주므로 피부 보습능력 향상을 비롯하여 열의 발생과 손실의 균형을 이루어 주어 일정한 체온을 유지해 준다.

거의 모든 피부에서 관찰되며 손바닥, 발바닥, 이마, 겨드랑이에 가장 많이 분포되어 있다.

손바닥 · 발바닥 같은 마찰 표면에서 땀은 촉감도를 도와 부착성을 향상시켜 준다.

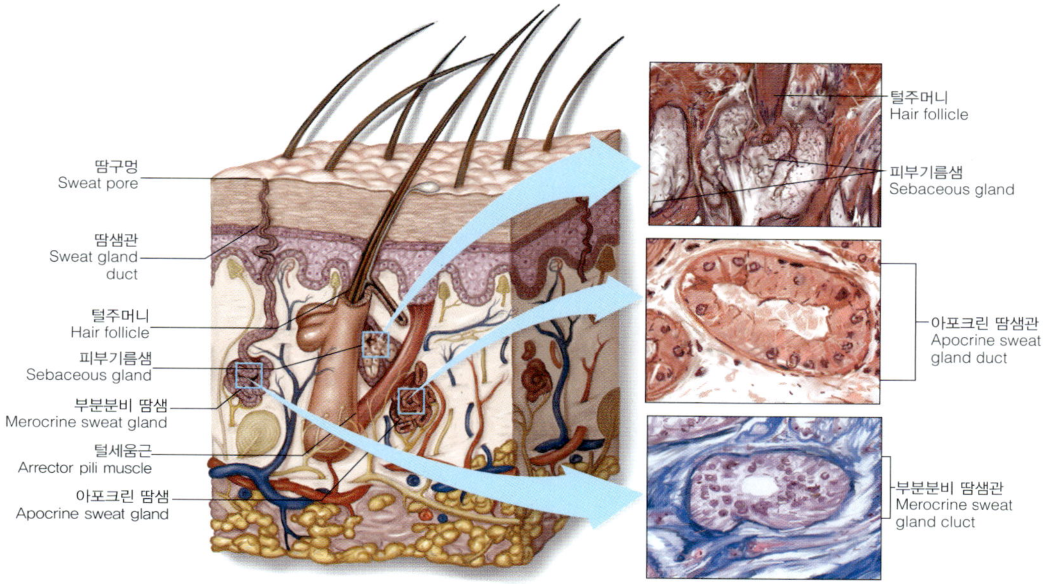

그림 2-5　한선

3. 털모발, Hair

인체의 최외벽에 해당하는 피부 부속기관으로, 섬유성 단백질로 이루어진 원통상의 줄기라고 할 수 있다. 모발은 손바닥 · 발바닥, 입술 그리고 눈꺼풀을 제외한 거의 모든 전신에 분포되어 있다. 모발은 한 가닥마다 각기 다른 성장주기를 가지고 있다.

모발의 수명은 짧게는 몇 개월, 길게는 몇 년에 이르며, 여성의 경우 대략 4~6년, 남성의 경우는 대략 2~5년 정도이다. 하루에 0.03~0.05mm, 한 달에 약 1~1.5cm 정도 자란다.

모발의 모근에는 모구가 있고, 모구에는 신경과 혈관들이 모여 있어 혈액으로부터 영양을 공급 받아 모발이 성장하게 된다.

4. 조갑손톱과 발톱, Nails

손가락 · 발가락 끝부분에 생긴 각질의 판이며, 매일 자라고 있다.

조갑의 바닥을 조상, 조갑의 둘레에 있는 피부를 조소피cuticle이라고 하며, 조갑이 자라는 것은 조상의 일부분인 조모에서 이루어진다. 조모의 앞쪽에 있는 반달처럼 생긴 부분은 조반월이며, 이것은 조모가 새로 자라난 조갑 조직이 아직 충분히 각화되지 못한 부분이다.

손톱의 모양은 나이와 건강 상태에 따라 차이가 있다. 손톱 강도의 변화, 약하고 거친 손톱, 모양의 변화는 대사질환, 비타민 결핍, 흡수장애와 같은 영양 불균형을 암시한다.

손톱 밑에 각질 덩어리가 축적되면 손톱이 두터워지는 기형을 초래하고 조상과 손톱이 분리된다.

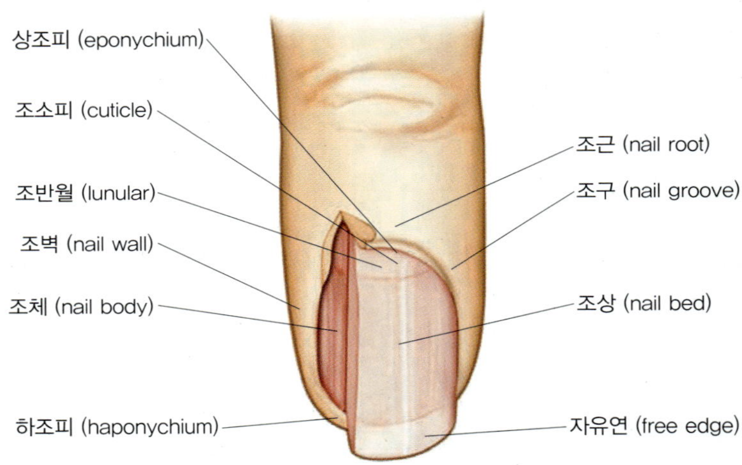

그림 2-6 조갑의 구조

3. 피부의 생리기능

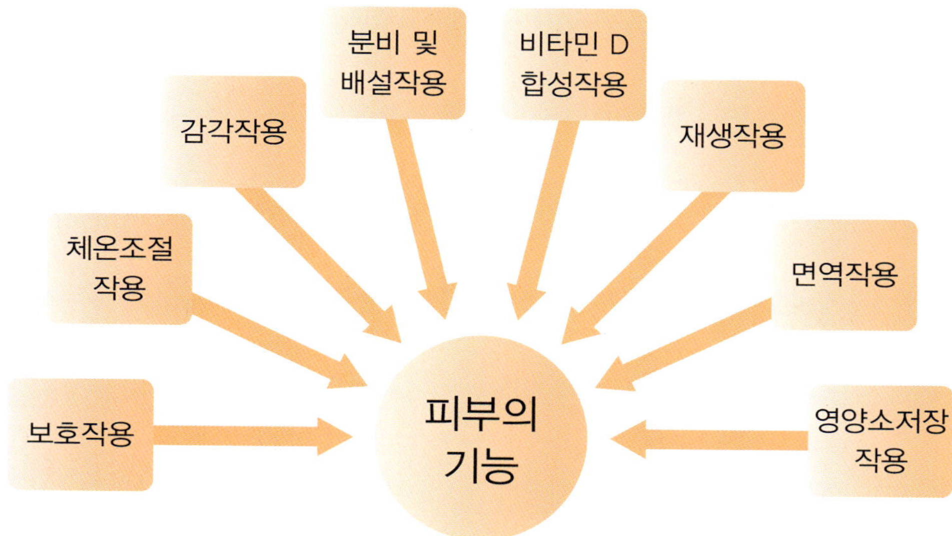

그림 2-7 피부의 생리기능

Chapter 3
피부미용 준비 및 위생관리

1. 피부관리사의 준비 및 위생
2. 피부미용 비품 준비 및 위생

Chapter 3

피부미용 준비 및 위생관리

1. 피부관리사의 준비 및 위생

1. 고객상담 시 준비자세

① 고객이 방문하였을 시, 정확한 동기를 파악하고 고객에게 필요한 피부 관리가 진행될 수 있도록 언제든지 준비되어 있어야 한다.

② 고객과의 상담 공간은 따로 분리하여 편안함과 안정감을 주는 환경적 요소를 구축해 놓아야 한다.

③ 고객과의 상담 시, 피부관리사는 고객의 입장에서 성실한 태도로 진행하고 경청하며 고객이 원하는 피부 관리의 기대효과에 대해 진솔한 상담이 될 수 있도록 한다.

2. 고객응대 시 준비자세

① 단정한 용모로 예의를 갖추고, 큰소리로 언행하지 않으며, 고객이 거부감을 느끼지 않게 적절한 자세를 갖추어야 한다.

② 고객 응대시 먼저 눈인사와 함께 따뜻한 표정, 공손한 자세를 갖추도록 한다.

③ 고객응대 중에는 전화 받기를 삼가하며 고객의 요구에 집중할 수 있도록 한다.

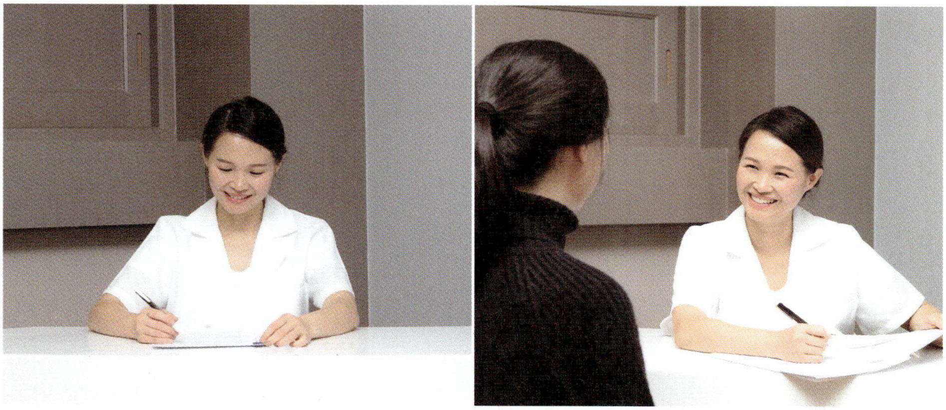

그림 3-1 피부관리사의 상담

3. 고객관리 시 피부관리사의 위생 준비 상태

① 깨끗하고 단정한 복장과 명찰을 착용하며 편안한 실내화를 신도록 한다.

② 손톱은 짧고 청결하게 정리하며, 네일 에나멜은 바르지 않도록 한다.

③ 구취마스크 착용나 체취가 나지 않도록 하며, 관리 전·후에는 반드시 손을 청결하게 씻고 따뜻하게 유지해 준다.

④ 과도하고 화려한 액세서리는 착용하지 않으며 진한 메이크업 보다는 가볍고 내추럴한 메이크업을 한다.

⑤ 두발은 머리 핀과 머리 망을 이용하여 정갈하게 정돈한다.

⑥ 관리 중에도 필요시 중간중간 소독을 하며 관리를 진행한다.

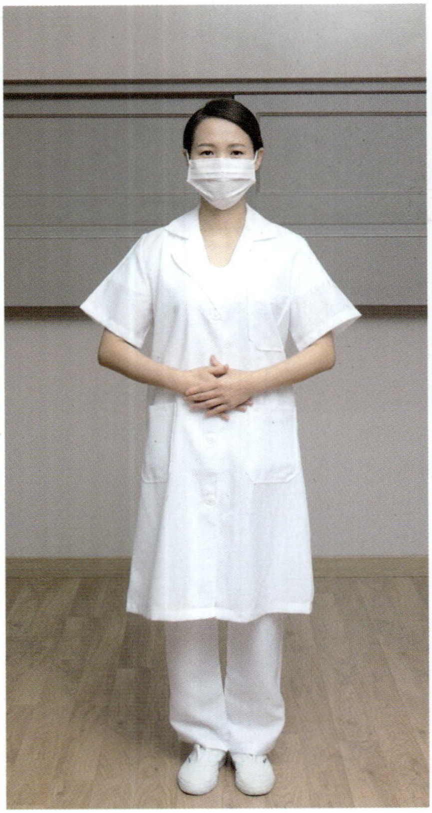

전면

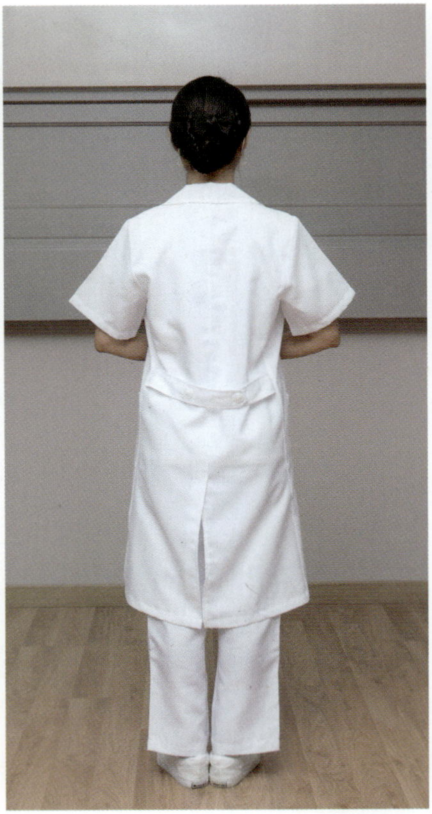

후면

그림 3–2　피부관리사의 복장

4. 피부관리사의 작업 자세와 손 풀기

(1) 피부관리사의 작업 자세

① 피부관리를 위한 기본자세는 허리를 곧게 펴고, 어깨를 편안히 내려놓고 팔꿈치는 베드 위에 올려두지 않으며 두 발은 바닥에 붙인다.

② 어깨를 편안하게 내려놓은 상태에서 피부관리사의 상체와 팔이 자연스러운 작업자세가 유지될 수 있도록 주변공간이 충분히 확보되도록 한다.

③ 걸음걸이에서 소리가 나지 않도록 주의한다.

(2) 피부관리사의 손 풀기

피부관리사의 손은 관리에 있어 가장 중요한 도구이므로 손목관절, 손가락 관절, 손의 전체적인 유연성과 관절염 예방을 위해 스스로 신경 써야 한다.

피부관리에 앞서, 먼저 가벼운 손 풀기 동작을 시행한 후, 얼굴관리에 들어갈 수 있도록 한다.

1) 손목관절 풀기

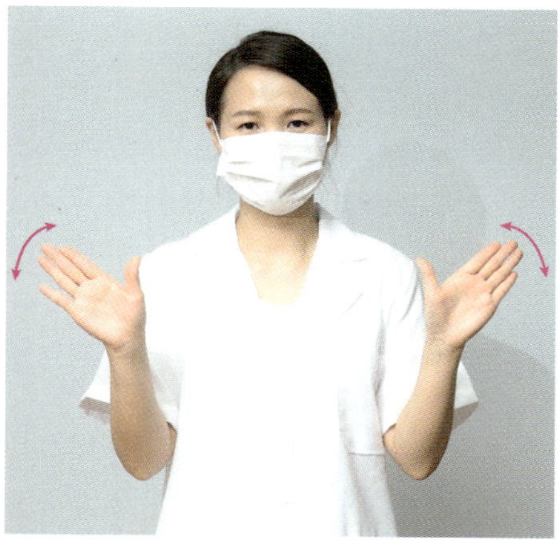

① 양쪽 손바닥을 앞으로 향하게 쭉 펴고 좌·우로 10회 크게 움직인다.

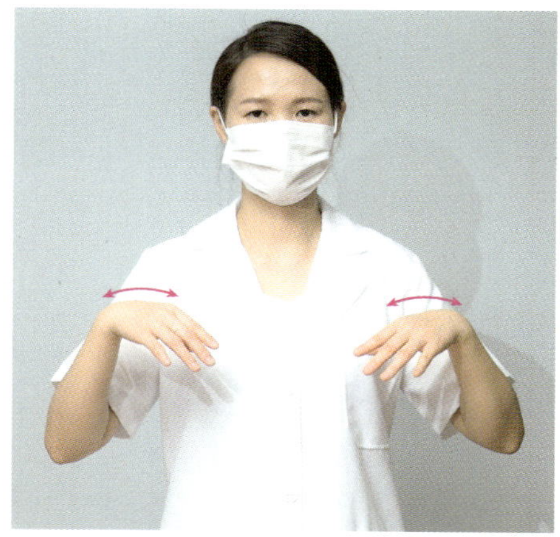

② 양 손목의 힘을 빼고 손바닥이 아래로 향하게 한 후, 좌·우로 10회 크게 흔들어 준다.

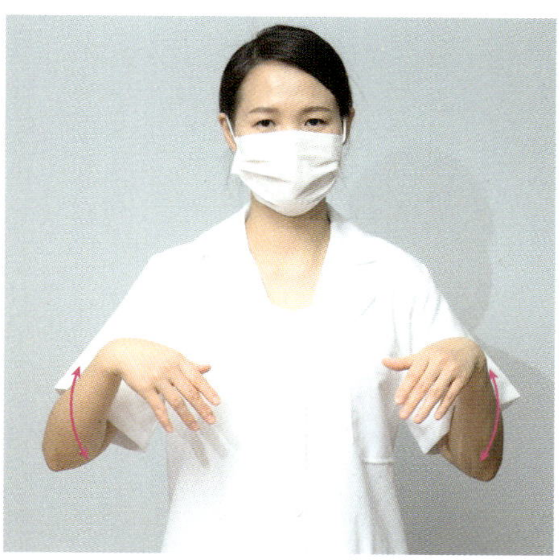

③ 양 손바닥을 아래로 향하게 한 후, 아래→ 위쪽으로 크게 10회 들어 올린다.

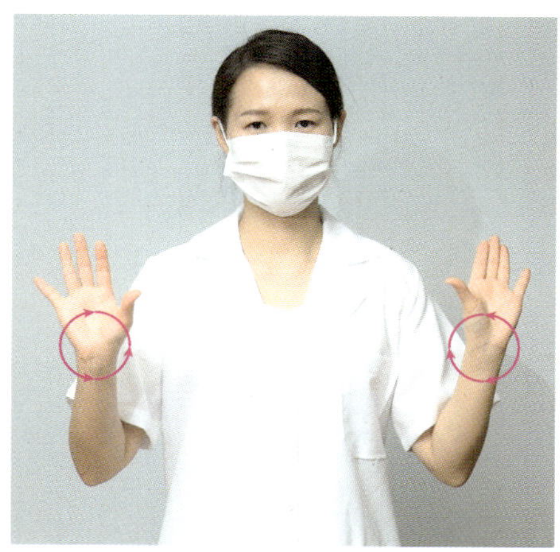

④ 양 손에 힘을 빼고 시계 반대 방향으로 손목을 10회 돌려준다.

2) 손바닥 풀기

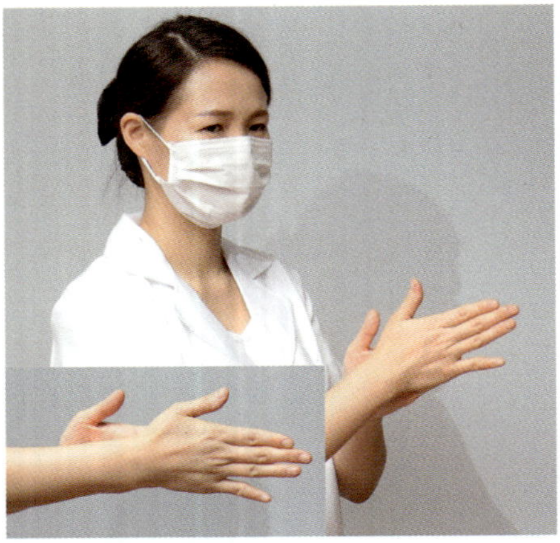

① 양 손바닥을 마주하고 손바닥 전체에 열이 나도록 마찰한다.

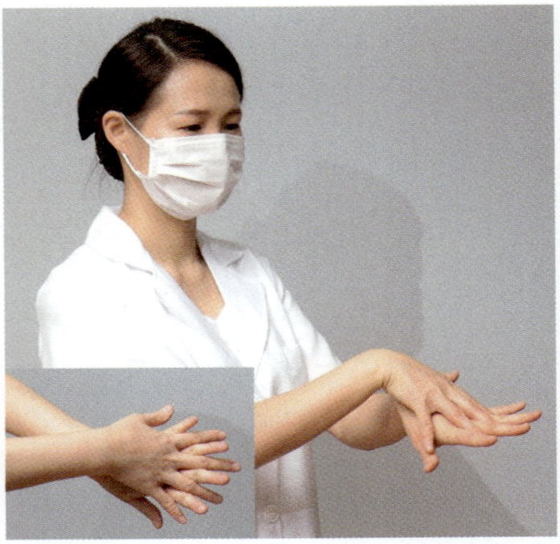

② 한 손의 손바닥이 다른 한 손의 손등 위로 올라가도록 하여 손가락과 손가락 사이를 가볍게 마찰해 준다. 교대로 실시

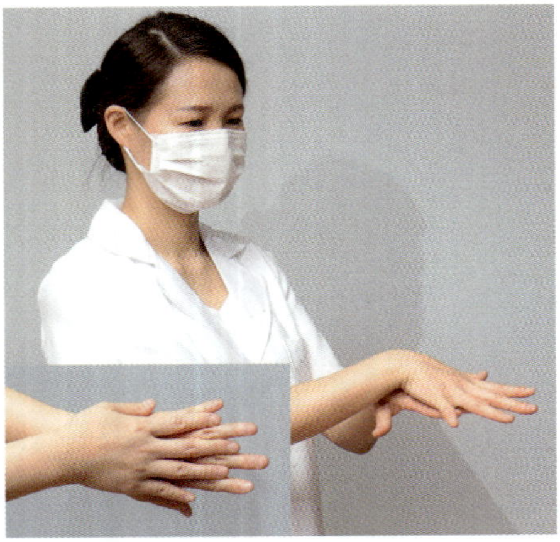

③ ② 동작을 하면서 손바닥도 함께 마찰 해준다. 교대로 실시

3) 손 근력 키워주기

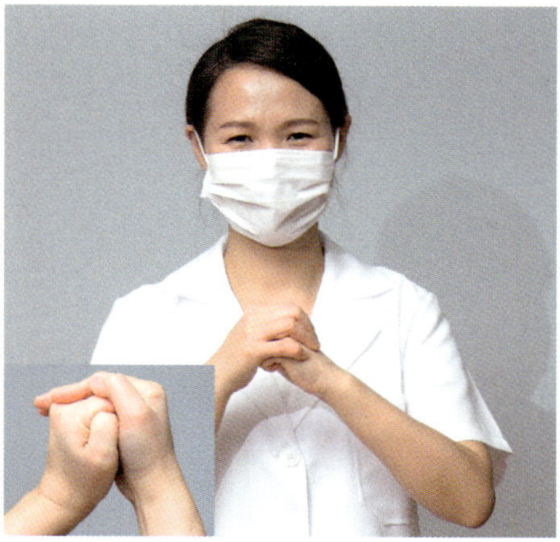

① 한 손은 주먹을 쥐고 다른 한 손의 손바닥으로 감싼 쥔 후, 지긋이 눌러 준다.

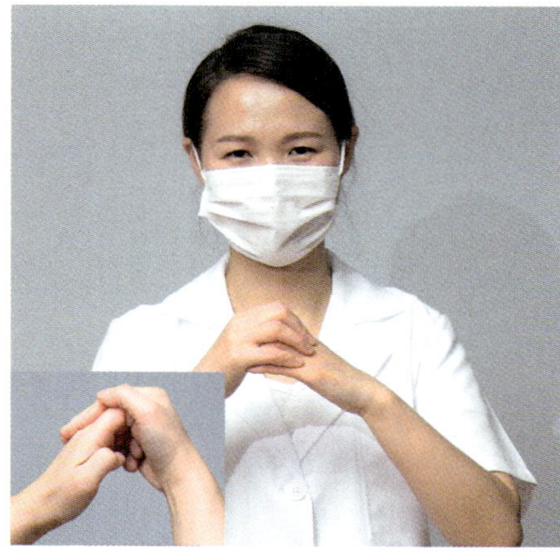

② ① 동작에서 주먹 쥔 손의 손가락을 감싸 쥐고 있는 다른 한 손의 손바닥으로 천천히 펴 준다. ①과 ② 동작을 양쪽으로 10회 교대 실시

5. 피부관리사로서 갖추어야 할 조건

① 정확한 피부분석과 피부 판별 능력을 가지고 있어야 한다.

② 문진, 견진, 촉진을 통한 피부 분석 내용을 정확하게 파악하여 기록으로 남길 수 있어야 한다.

③ 고객관리와 고객 상담에서 전문적 용어 및 지식을 바탕으로 고객과 응대할 수 있어야 한다.

④ 임상 자료 및 데이터를 활용하여 입증된 근거를 바탕으로 상담할 수 있어야 한다.

⑤ 프로그램 관리과정과 고객이 선택하는 프로그램에 대한 관리기간, 관리 내용 등을 설명할 수 있어야 한다.

⑥ 피부미용 기기를 활용하여 능숙하게 관리할 수 있는 능력을 갖추어야 한다.

⑦ 전문 피부관리 화장품 및 성분에 대한 전문 지식을 가지고 있어야 한다.

⑧ 효율적인 매뉴얼 테크닉 관리 방법 및 능숙한 제품 활용·응용 능력을 가지고 있어야 한다.

⑨ 피부관리 후, 고객과의 상담을 통해 불편한 점을 체크하고 가정에서 이루어져야 하는 홈 케어에 대한 자세한 설명과 중요성에 대해 설명할 수 있어야 한다.

⑩ 피부관리 후, 전화 또는 문자, e-mail을 활용하여 고객 피부 상태를 체크하며 고객을 관리할 수 있어야 한다.

6. 고객관리 시 피부미용 작업장 환경

① 쾌적하고 아늑한 장소가 될 수 있도록 실내 환경을 조성하며, 특히 공기순환을 위한 환풍시설에 신경쓰도록 한다.

② 관리실의 조명도는 75룩스 이상 적정하게 유지되도록 한다.

③ 냉·온수 및 냉·난방 시설을 갖추도록 한다.

④ 상담장소와 관리장소는 분리하도록 한다.

⑤ 화장품 정리대는 청결하고 위생적으로 진열하며, 기기·기구·도구는 사용전과 사용후 소독을 철저히 하도록 한다.

⑥ 화장실은 수시로 체크하여 청결하고 쾌적한 공간이 될 수 있도록 한다.

휴식 공간

상담실

피부관리실

그림 3-3 피부관리실 전경

2. 피부미용 비품 준비 및 위생

1. 소모품 및 비품의 용도

(1) 소모품류 및 비품류

① **화장솜**Cotton : 각 단계에서 많이 활용되고 있으며, 포인트 메이크업, 토너 정리에 사용, 주로 젖은 화장솜을 많이 사용한다.

② **면봉**Q-tip : 포인트 메이크업의 아이라인eye line과 마스카라mascara 제거 시 많이 사용하며, 제품을 도포할 때, 눈썹을 염색할 때, 여드름 제거 시에도 사용한다.

③ **거즈**Gauze : 팩, 마스크 시 사용하고, 재료가 흘러내리는 것을 방지하며, 주로 젖은 거즈를 많이 사용한다.

④ **각종 볼**Bowl : 유리 및 플라스틱, 고무의 재질로 나뉘며, 제품을 덜어 사용할 때, 또는 마스크류를 겔 때 주로 많이 사용한다.

고무 볼과 유리 볼

해면 볼

⑤ **브러시**Brush : 크림 팩, 머드 등 얼굴과 전신에 제품을 펼쳐 바를 때 주로 사용한다.

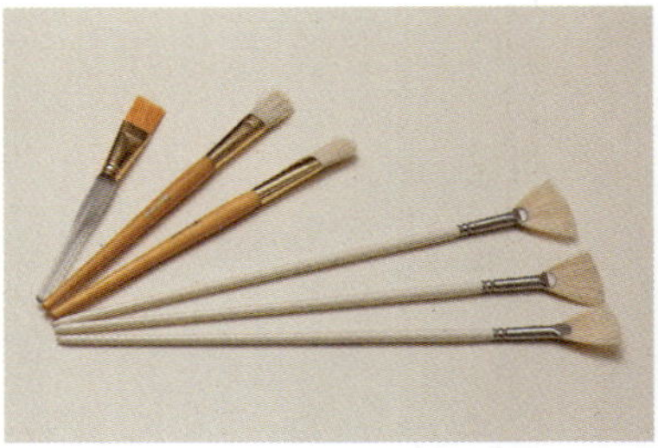

⑥ **스패튤러**Spatula : 크림, 팩, 마스크 등의 제품을 덜어낼 때, 또는 도포할 때 사용한다.

⑦ **티슈**Tissue : 얼굴관리 시 잔여물 제거 또는 중간 처리과정에서 위생을 위해 주로 사용한다.

⑧ **핀셋**Pincette : 화장솜을 1장 또는 여러 장을 집어 올릴 때 사용한다.

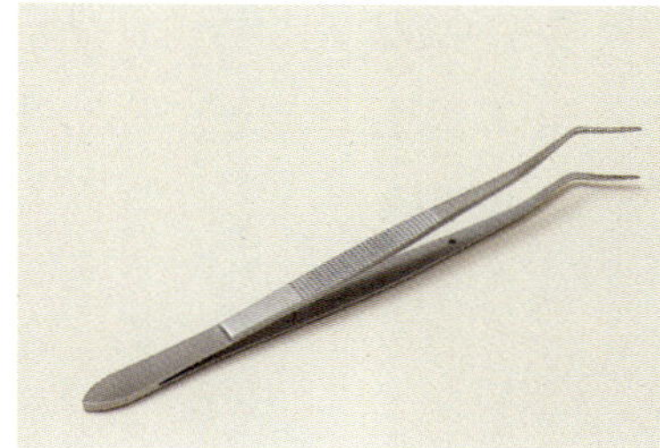

⑨ **가위**Scissors : 화장솜, 거즈를 자르거나 모양을 만들 때 사용한다.

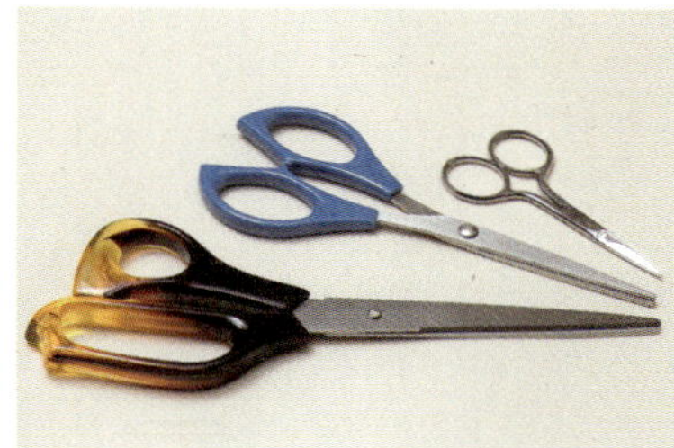

⑩ **눈썹 수정용 도구** : 수정용 도구로는 눈썹 가위, 눈썹 족집게, 눈썹 칼, 눈썹 브러시가 있으며 눈썹의 모양, 눈썹의 길이를 정리할 때 사용한다.

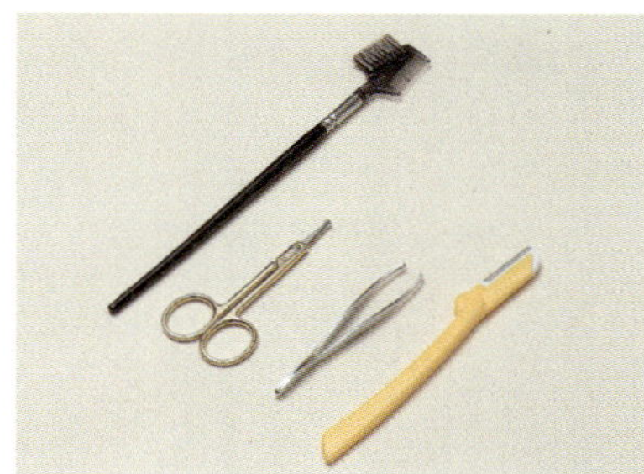

⑪ **휴지통**Waste basker : 피부관리 과정에서 발생되는 쓰레기를 위생적으로 처리할 때 사용한다.

⑫ **피부유형별 화장품** : 클렌징류, 딥클렌징류, 앰플 및 에센스류, 매뉴얼 테크닉 크림류, 오일류, 팩 & 마스크류, 썬 크림, 보습 & 영양크림류, 아이크림 등이 있다.

클렌징류

딥 클렌징류

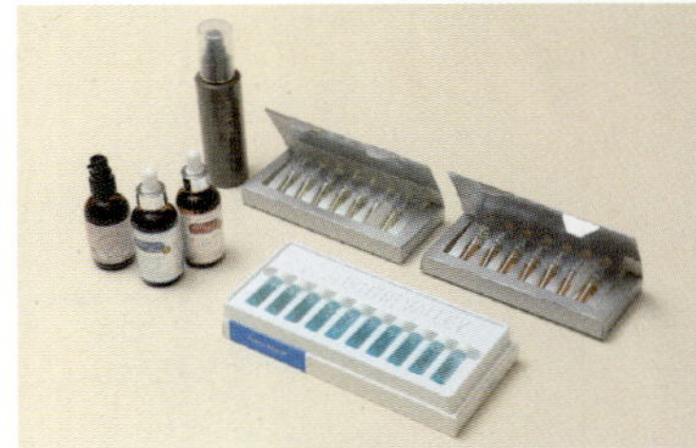
앰플 및 에센스류

보습 & 영양 크림류

크림팩류

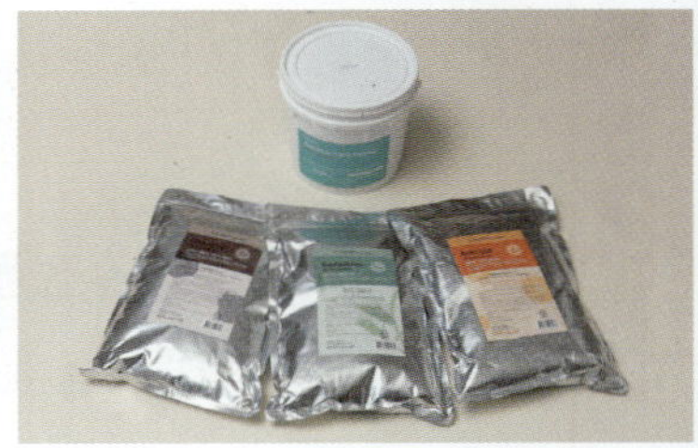
마스크류

그림 3-4　피부유형별 화장품류

(2) 피부관리 기구류

① **자외선 소독기** : 피부관리 시 사용되는 각종 도구, 기기 부속품, 용기 등을 소독하는 기기이다.

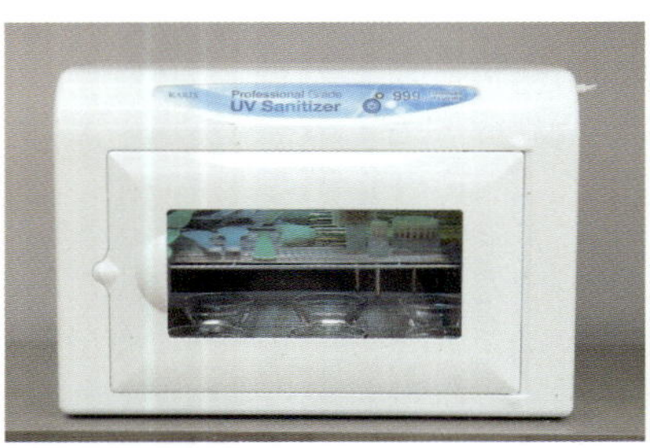

그림 3-5　자외선 소독기

② **피부관리용 베드** : 고객이 편안하게 누워서 얼굴관리 및 전신관리를 받을 수 있으며, 재질이나 크기가 다양하다.

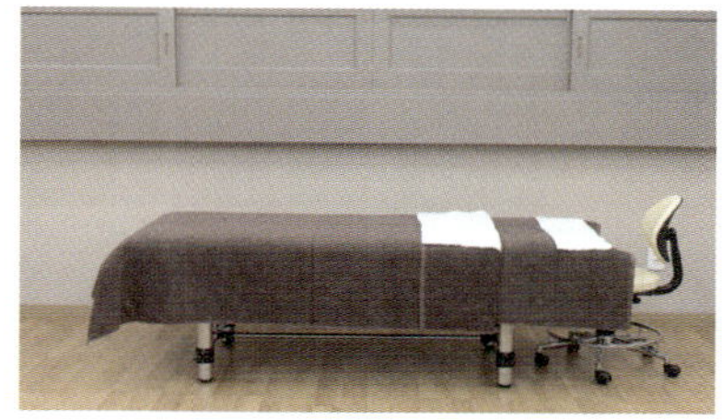

③ **피부관리용 의자** : 피부관리사가 고객 관리 시 앉아서 관리할 때 필요하다. 편안하고 안정된 작업자세를 유지하도록 한다. 등을 굽히거나 등받이에 눕는 자세는 관리사의 작업 피로도를 높일 수 있으므로 주의한다.

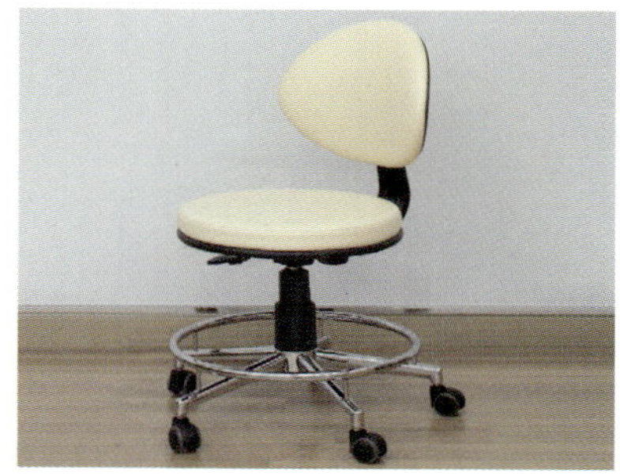

④ **정리대**왜건 : 피부관리에 필요한 기초화장품 및 도구, 재료들을 올려서 사용하는 정리대이다.

⑤ **온장고** : 온습포 사용을 위해 타월을 따뜻하게 유지해 주는 기기이다.

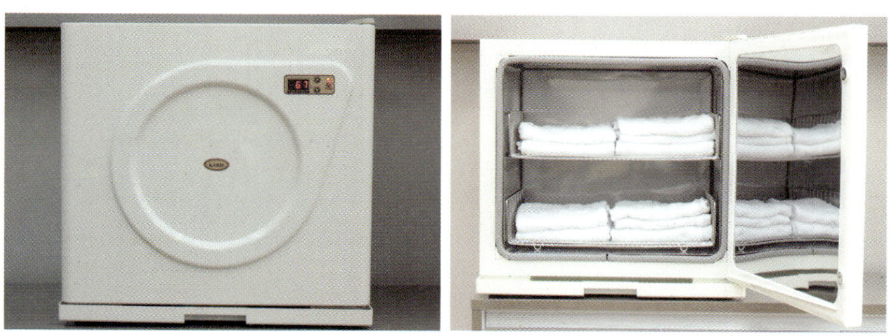

그림 3-6 온장고

2. 정리대(왜건) 세팅하기

① 1단 정리대 : 관리에 필요한 전반적인 도구 및 기초 화장품을 준비하는 단이다. 젖은 화장솜, 화장솜 통, 면봉, 스패튤러, 팩 브러시, 유리볼, 기초 화장품 등

② 2단 정리대 : 관리를 하면서 닦아 낼 때, 필요한 비품이 준비되는 단이다. 해면 볼, 해면, 미용 티슈, 냉습포 등

③ 3단 정리대 : 관리 시 사용한 소모품을 정리하는 단이다. 사용한 습포, 해면, 유리 볼, 쓰레기통 등

1단 왜건 정리

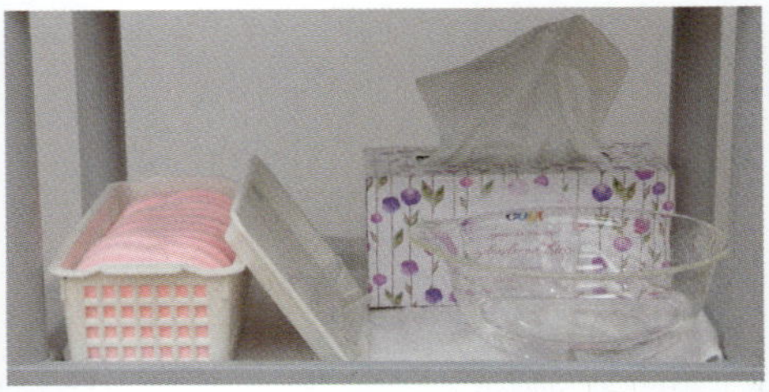

2단 왜건 정리

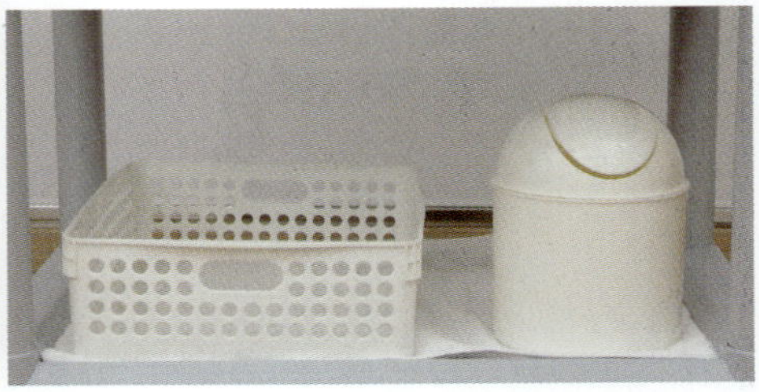

3단 왜건 정리

그림 3-7 준비된 정리대(왜건)

3. 고객과 피부관리사의 준비 사항

(1) 고객의 준비사항

① 입고 온 옷을 탈의실에서 고객 가운gown으로 갈아입도록 한다.

② 액세서리는 관리 전 보관함에 보관해 둔다.

③ 고객용 슬리퍼slipper를 갈아 신도록 한다.

(2) 피부관리사의 준비사항

① 냉·난방기를 이용하여 적절한 피부관리실 온도를 유지한다.

② 관리 베드bed의 온도를 확인하여 관리 전 미리 예열해 둔다.

③ 미용기기 활용 시 필요한 기기의 소모품 및 화장품을 준비해 둔다.

④ 대 타월towel을 베드 위에 펼쳐 놓는다.

⑤ 헤어터번 안팎을 구분하여 베드 위에 펼쳐놓는다.

⑥ 관리 전 고객님의 화장실 사용 여부를 한번 더 확인한다.

⑦ 고객이 편하게 베드에 누울 수 있도록 안내한다..

⑧ 대 타월 또는 가벼운 이불을 고객에게 덮어 준다.

⑨ 소 타월을 이용하여 가슴 윗 부분까지 적절히 덮어 준다.

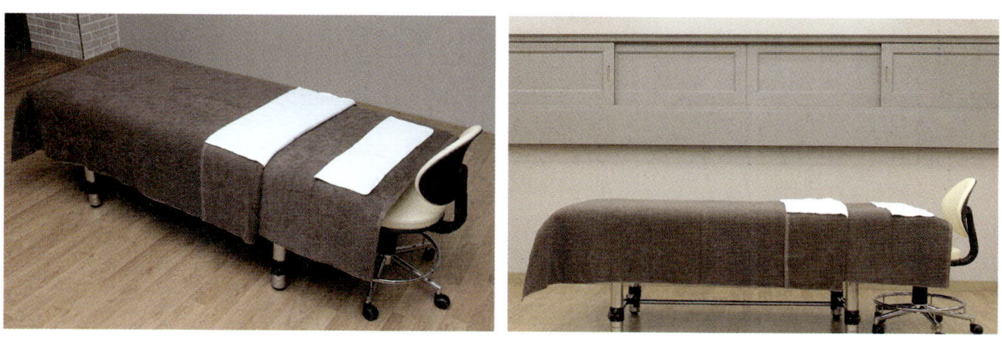

그림 3-8　준비된 베드 상태

4. 관리 후 비품 위생관리

(1) 화장품

① 제품 용기 청결유지와 산패를 막을 수 있도록 화장품 마개를 확인하고 보관한다.

② 제품의 유효기간 및 제품의 양과 상태를 확인한다.

(2) 기구와 비품 위생관리

① 사용한 모든 기구와 비품은 적절한 방법으로 세척 및 소독을 하여 보관한다.

② 타월, 터번, 고객 가운 등은 사용 후 바로 세탁하도록 한다. 특히, 타월은 자비 소독하여 청결하게 유지한다.

③ 각종 볼, 브러시, 스패튤러 종류는 중성 세제에 세척 후, 건조시켜 자외선 소독기에 보관한다.

④ 족집게, 핀셋, 눈썹가위, 여드름 압출기 등의 도구는 사용 후 미온수로 세척한 다음, 70% 알코올에 10분 이상 담가 소독하고 자외선 살균소독기에 보관한다.

⑤ 화장솜, 해면부직포 형태, 면봉, 거즈, 베드커버bed cover, 부직포 형태 등의 일회용 소모품은 1회 사용 후 폐기하고 재사용하지 않는다.

⑥ 자외선 살균 소독기에 소독된 것과 소독하지 않은 것을 분리하여 보관한다.

Chapter 4
피부미용 피부분석

1. 클렌징하기
2. 피부상태 분석하기
3. 피부유형별 특징 파악하기
4. 얼굴관리 실행순서 파악하기

Chapter 4 피부미용 피부분석

1. 클렌징하기

1. 클렌징Cleansing의 정의

피부 관리의 처음 단계에 시행하며 피부의 기능을 상실하지 않으면서 피부 표면으로 배출된 땀과 피지, 메이크업 화장품류 및 기초 화장품류를 깨끗하고 청결하게 제거해 주는 과정이다.

2. 클렌징의 목적효능

① 피부표면의 피지막을 손상시키지 않으면서 피지와 땀, 대기 중의 먼지와 공해 물질, 메이크업 잔여물 등을 제거하여 피부를 청결하게 한다.
② 혈액순환을 원활히 하여 피부의 생리적 기능을 돕는다.
③ 다음 단계의 피부관리 과정에서 바르는 유효성분의 흡수를 돕는다.
④ 피부유형 분석을 용이하게 한다.

3. 클렌징 제품의 종류

(1) 씻어내는 유형

1) 클렌징 비누Cleansing soap

① 피부의 약산성막과 피지막의 손상 초래

② 세정력, 살균력은 뛰어나나 건조함을 유발

③ 요즘엔 아로마 에센셜 오일이나 천연 기능성 재료 등을 이용한 피부 유형별 다양한 종류의 비누 생산

④ 계면 활성제의 함량이 거의 없어, 클렌징 시 화학적 계면활성제로 인한 피부 트러블 방지에 효과적

2) 클렌징 폼Cleansing foam

① 부드러운 크림 형태의 비누

② 비누에 비해서 피부 건조함이 적음

③ 거품을 일으켜서 물에 용해되도록 제조하며, 피부 보호기능 접목

(2) 녹여내는 유형

1) 포인트 메이크업 리무버Point make-up remover

① 양쪽 눈과 입술의 색조화장품을 지울 때 사용

② 눈과 입술 전용 리무버 수성 타입, 유성 타입

③ 눈물과 비슷한 정도의 pH로 맞추어져 있어서 효과적

④ **수성 타입 제품** : 정상, 지성 피부에 적합, 옅은 포인트 메이크업을 지우는데 효과적

⑤ **유성 타입 제품** : 건성 피부에 적합 눈 앞이 뿌옇게 흐려지는 단점, 워터 프루프 형태의 제품이나 짙은 포인트 메이크업을 지우는데 효과적

2) 클렌징 티슈Cleansing tissue

① 가벼운 화장 지우기, 메이크업을 수정할 때 사용

② 간편하고 사용하기 편리함

3) 클렌징 워터Cleansing water

① 액상 타입으로 가볍게 화장, 피부 표면을 정리할 때 사용

② 산뜻하고 시원한 느낌

③ 지성 피부에 적당

④ 유성성분에 대한 세정력은 약함

⑤ 화장수에 계면활성제와 에탄올을 소량 함유한 형태

4) 클렌징 겔Cleansing gel

① 유성 타입과 수성 타입으로 분류

② **유성 타입 제품** : 짙은 화장 제거

③ **수성 타입 제품** : 옅은 화장 제거, 산뜻함

④ 클렌징을 하면서도 얼굴이 당기거나 건조하지 않고 촉촉한 것이 장점

⑤ 자극이 없어 눈가나 예민 부위에 사용하기 좋음

⑥ 예민성 피부, 건성 피부, 지성 피부에 적합

5) 클렌징 밀크 & 로션Cleansing milk and lotion

① O/WOil in water 수중유적형의 친수성

② 끈적임 없이 아주 산뜻함

③ 모든 피부 타입에 적합

④ 크림 타입보다 세정력이 약함

⑤ 크림 타입에 비해 비교적 가격이 높고 장기간 보관이 어려움

6) 클렌징 크림Cleansing cream

① W/Owater in oil 유중수적형의 친유성

② 짙은 화장, 무대화장, 특수분장 등 무거운 화장 제거에 적합

③ 끈적임으로 이중세안 권유

④ 건성, 노화피부에 적합

⑤ 로션 타입에 비해 덜 부패함

⑥ 비교적 가격이 싸고 세정력이 우수

⑦ 예민한 피부에는 가급적 사용 자제

7) 클렌징 오일Cleansing oil

① 완전한 오일 형태

② 물에 잘 용해되는 친수성 제품이 많이 사용됨

③ 친수성 오일인 경우에는 가격이 고가

④ 건성, 예민성, 노화 피부에 적합

⑤ 피부 침투성이 좋아 땀이나 피지에 강한 화장에도 효과적
⑥ 제품에 따라 오일 성분의 끈적임이 남음

2. 피부상태 분석하기

1. 피부상태 분석이란?

정확한 피부상태를 분석하기 위하여 클렌징을 먼저 실시한 후, 견진·문진·촉진을 통하여 고객의 피부 유형 상태를 파악한다. 분석에 따른 적절한 피부 관리가 이뤄질 수 있도록 하기 위한 과정으로 관리과정에서 일어날 수 있는 문제를 최소화하여 신뢰감과 만족도를 향상시키기 위한 절차이다.

2. 피부상태 분석하기

(1) 문진問診

질의응답을 토대로 분석하는 방법이며 고객의 연령, 직업, 성격, 결혼 유무, 식생활습관, 기호식품, 사용 중인 화장품, 스트레스의 정도, 알레르기 유무, 병력 상태 등을 바탕으로 피부 상태를 파악하는 방법이다.

(2) 견진見診

눈으로 관찰하거나 피부 미용 기기를 활용하여 피부결, 모공크기, 주름, 색소침착 상태, 피부 투명도, 혈액순환 정도, 피지 분비 정도, 건조 상태 등의 피부 상태를 파악하는 방법이다.

(3) 촉진觸診

피부를 손으로 만져 보고 눌러 보면서 피부의 조직과 수분상태, 탄력도, 피부 두께감, 피부 민감도 등의 피부 상태를 파악하는 방법이다.

(4) 기기를 활용한 피부분석

① **확대경**Magnifying lamp

육안으로 판별할 수 없는 피부의 문제점이나 결점 등을 관찰하는데 도움이 되며, 색소침착, 여드름, 잔주름 등의 문제점을 명확하게 파악할 수 있다.

② **우드램프**Wood's lamp, Skin scanner

자외선을 이용한 광학 피부 분석기로 피부의 표면과 심부층의 피부를 분석하며, 피부의 보습상태, 민감도, 피지 분비, 여드름, 염증, 색소 침착 등을 다양한 색상으로 파악한다.

Check Point

우드램프의 색상

정상 피부	건성 피부	지성 피부	색소침착 피부	예민 피부	여드름, 염증
청백색	밝은 보라색	주황색	갈색	자주색	형광 노랑색

③ **피부분석기**Derma scope, Skin scope

피부분석기는 모니터를 통해 약 30~800배 가량 확대된 피부의 조직 및 두피, 모발 상태를 관찰하고 파악할 수 있다.

④ **수분측정기**Corneometer

피부 표피의 수분함량의 정도에 따라, 피부의 건조 상태를 측정할 수 있는 기기이다.

⑤ **유분측정기**Sebummeter

피부의 유분을 측정하여 유분 수치의 정도에 따라 건성, 정상, 지성 피부의 유형으로 분류할 수 있다.

⑥ **탄력측정기**

피부의 탄력도를 수치로 측정하는 기기이다.

⑦ **피부 pH 측정기**

피부 표면의 pH를 측정하는 기기이다. 피부 상태가 기후, 계절의 영향에 따라 변화함으로 장기간의 평가 결과를 바탕으로 한다.

⑧ 경피 수분손실량 측정기TEWL

경피 수분손실량Transepidermal water loss : 이하 TEWL은 각질층의 피부장벽 기능을 측정하는 방법으로 여러 가지 외부환경에 민감하므로 일정한 습포와 온도가 유지되는 공간에서 측정한다.

3. 피부유형별 특징 파악하기

1. 정상·중성 피부Normal skin

① 한선땀샘과 피지선기름샘의 분비 활동이 정상적인 상태이며, 피부의 유·수분 밸런스가 균형을 이루고 있는 상태

② 피부의 결이 섬세하고 피부 톤은 맑으며, 전반적으로 피부가 깨끗하다.

③ 모공이 작아 눈에 잘 띄지 않고 부드럽고 매끄럽게 보인다.

④ T존 부위는 모공이 육안으로 관찰되나 그 외 U존 부위에선 거의 관찰되지 않는다.

⑤ 피부표면의 신진대사가 원활하며 피부 각질층의 수분함량도 비교적 높다.

⑥ 혈액순환이 좋으며 탄력도 좋다.

⑦ 피지분비 상태가 정상적이며, 세안 후 당김이 약간 느껴지나 곧 사라진다.

⑧ 전반적으로 주름, 기미, 주근깨 등이 거의 나타나지 않으며 잡티도 없다.

⑨ 표정 주름 외에는 거의 주름이 보이지 않는다.

⑩ 세균에 대한 저항력이 다른 피부에 비해 비교적 높다.

⑪ 계절적 변화, 주변 외부 환경으로부터 영향을 받는다.

⑫ 화장이 전반적으로 잘 받으며, 다른 피부 유형에 비해 지속력도 높다.

2. 건성 피부Dry skin

① 한선땀샘과 피지선기름샘의 분비활동의 저하로 인해 피부의 유·수분 밸런스 기능이 모두 부족한 상태

② 피지분비의 기능저하로 피부의 수분 보유능력이 떨어지므로 피부는 당김 증상을 보인다.

③ 항상 건조하고 겨울철은 더 심해진다.

④ 피부가 거칠고 윤기가 없으며, 모공이 작아 눈에 잘 보이지 않고 예민해지기 쉽다.

⑤ 피부 조직은 비교적 곱고 얇으며, 탄력도가 떨어지고 외부 저항력도 약해져서 피부에 상처가 나기 쉽다.

⑥ 피부의 노화가 급격히 진행되어 잔주름이 많이 나타난다.

⑦ 피부 고랑groove, 피부 소구과 피부 능선crest, 피부 소릉의 높이차가 거의 없다.

⑧ 세안 후, 피부손질을 하지 않으면 당김 증상이 느껴진다.

⑨ 화장을 했을 경우, 쉽게 들뜨고 잘 받지 않는다.

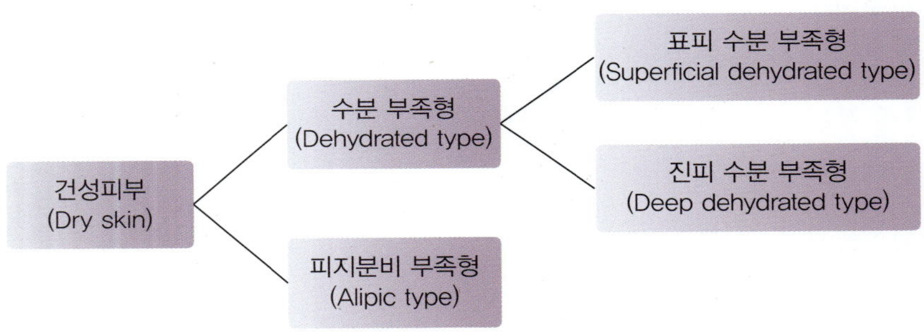

그림 4-1 건성 피부 분류

3. 지성 피부 Oily skin

① 피지선기름샘의 과잉 피지분비로 인해 피부의 유·수분 밸런스가 불균형을 이루고 있는 상태

② 피부 각질층의 두께가 두껍다.

③ 피부 결이 거칠고 모공이 육안으로 크게 많이 관찰된다.

④ 피부의 투명감이 없으며, 둔탁해 보이고 지저분해 보인다.

⑤ 과잉 피지분비로 인한 번들거림이 심하다.

⑥ 외부 자극에 대한 저항력이 비교적 강하다.

⑦ T존 부위는 모공 내 피지가 쌓여 뭉쳐져 있으며 여드름이 발생하기 쉬운 부위이다.

⑧ 피부 고랑Groove, 피부 소구과 피부 능선Chest, 피부 소릉의 높이차가 크다.

⑨ 건성 피부에 비해 잔주름은 거의 없으며, 깊고 굵은 주름이 쉽게 관찰된다.

⑩ 피부 노화가 다른 피부유형에 비해 비교적 더디게 진행된다.

⑪ 땀과 피지의 과다분비로 인해 화장이 쉽게 지워진다.

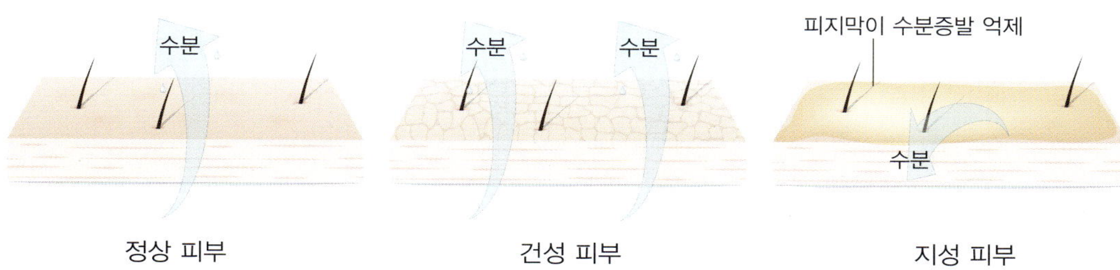

그림 4-2 피부 유형별 수분증발 정도

4. 복합성 피부Combination skin

① 얼굴 부위에 따라 건성, 정상, 지성 등의 피부 특징이 두 가지 이상 관찰되는 피부 유형으로, 서로 다른 피부 유형이 공존하고 있는 피부 타입이다.

② 거의 T존 부위는 피지분비가 왕성하고, U존 부위에서는 피부 당김 증상이 보인다.

③ 눈가 주름이 쉽게 나타난다.

④ 여드름을 동반하는 경우가 있다.

⑤ 화장이 고르게 유지되지 않는다.

5. 예민성 피부Sensitive skin

① 피부 표면의 각화 과정이 빠르므로 피부 조직이 얇고 섬세하다.

② 자극에 민감하게 반응한다.

③ 모공이 거의 보이지 않으나 모세혈관은 관찰된다.

④ 계절 및 온도의 영향을 쉽게 받으며, 홍반이나 홍조 현상을 보인다.

⑤ 피부가 건조하고 비교적 쉽게 색소침착 현상이 발생한다.

⑥ 피부 표면의 피지분비 저하와 수분 부족으로 인한 건조함이 나타난다.

⑦ 건조함의 지속성으로 인해 예민 피부를 초래한다.

⑧ 화장품 원료색소, 향료 등에 민감한 반응을 보인다.

6. 여드름 피부Acne skin

① 모낭 염증성 병변이라고 한다.

② 과잉피지 분비로 인한 피지와 모공 속 각질비후 현상을 가지고 있다. 이로인해 피지가 원활하게 배출되지 못해 염증성 여드름이나 비염증성 여드름이 동반된다.

③ 과잉 피지분비로 인해 피부가 지저분해 보인다. 이로 인해 생활습관상 자주 씻어냄으로써 동시에 피부 건조함을 동반하게 되고 각질도 흔히 관찰된다.

④ 주로 호르몬의 불균형으로 인해 사춘기 이후, 여러 가지 피지 과잉분비 요인에 따라 발생한다.

⑤ 여드름은 비염증성인 면포와 염증의 정도에 따라 구진, 결절, 농포화농성, 낭종 등으로 분류한다.

⑥ 여드름 자국이 있다.

⑦ 피부조직은 거칠고 우둘투둘하다.

⑧ 피부 톤은 어둡고 칙칙하다.

⑨ 귤의 껍질처럼 모공이 유독 눈에 띄게 잘 관찰된다.

피 부 분 석 표 (예)

실습 일자 : 　　　　　　　　　　실습자 명 :

고 객 명 :	생년월일 :
주 　 소 :	
전화번호 :	직 　 장 :
성 　 별 :	병력 유무 :
생리주기 :	복용하는 약 :
수면상태 :	알레르기 유무 :
운 　 동 :	기미, 색소침착피부 :
세안습관 :	
기초사용제품 :	
자기관리법 :	
방문동기 : 광고(　　), 지인소개(　　)	
기 　 타 :	

(1) 피부두께 정도
① thin–얇다 　② normal–정상 　③ thick–두껍다

(2) 피지분비 상태
① alipic : 모공이 안 보임 　② normal : 정상
③ comedo : 비화농 여드름 　④ oily : 지성
⑤ asphyxial : 질식된 피부 　⑥ acne : 화농성 여드름

(3) 수분보유 상태
① superficial dehydration : 표피 표면 수분부족
② deep dehydration : 진피 층의 수분 부족
③ wrinkle : 주름

(4) 혈액순환 정도
① telangiectasia : 모세혈관 확장증
② couperose : 홍반성 피부

(5) 예민 정도

(6) 색소 정도
① freckles : 주근깨 　② melasma, chloasma : 기미
③ brown sports : 갈색반점

(7) 탄력 정도

(8) 기타 :

피부 타입
(　　　　)

– Advice :

기기를 활용한 피부 분석표 (예)

실습 일자 : 실습자 명 :

고객명		나 이		성별	남 / 여

(1) 우드램프(Wood lamp) 측정하기

이마 부위	볼 부위	코 부위	턱 부위

(2) 확대경(Magnifying lamp) 측정하기

측정 내용	문제	판정
여드름		
기미		
모공		
색소 침착		

(3) 수분측정기(Corneometer)

T−zone, cheek eyelid, temple neck		
arms, hands legs, elbows		

(4) 유분측정기(Sebum meter)

T−zone		
cheek, eyelid, temple		
arms, hands legs, elbows		

(5) 수분 증발량(TEWL) 측정하기

T−zone, cheek eyelid, temple neck		
arms, hands legs, elbows		

4. 얼굴관리 실행순서 파악하기

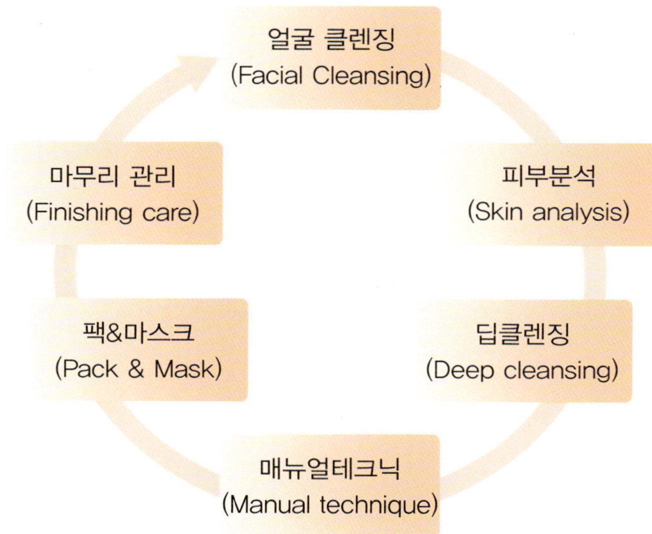

Chapter 5
피부미용 각질관리

1. 얼굴 클렌징하기
2. 얼굴 딥클렌징하기

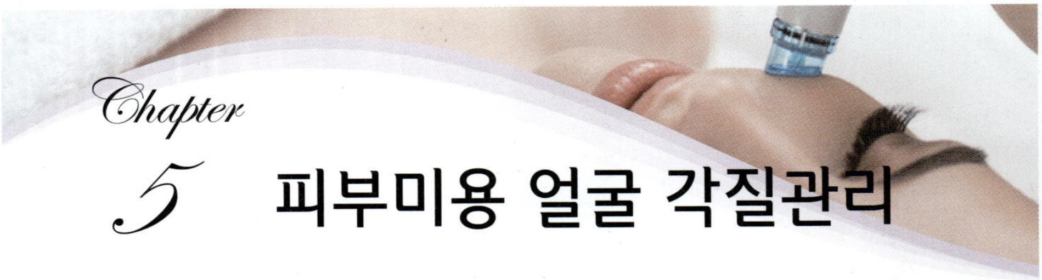

Chapter 5 피부미용 얼굴 각질관리

1. 얼굴 클렌징하기

피부유형별 상태에 따라 클렌징 방법과 제품을 선택하여, 포인트 메이크업과 클렌징을 적용하며 냉습포나 온습포, 토너 등으로 피부를 정리하는 작업이다.

1. 클렌징Cleansing의 정의

피부 관리의 처음 단계에 시행하며 피부의 기능을 상실하지 않으면서 피부 표면으로 배출된 땀과 피지를 비롯하여 메이크업 화장품류 및 기초 화장품류를 깨끗하고 청결하게 제거해 주는 과정이다.

2. 클렌징의 목적효능

① 피부표면의 피지막을 손상시키지 않으면서 피지와 땀, 대기 중의 먼지와 공해물질, 메이크업 잔여물 등을 제거하여 피부를 청결하게 한다.

② 혈액순환을 원활히 하여 피부의 생리적 기능을 돕는다.

③ 다음 단계의 피부관리 과정에서 바르는 유효성분의 흡수를 돕는다.

④ 피부유형분석을 용이하게 한다.

3. 클렌징 단계

① 1차 클렌징

메이크업 리무버를 이용하여 눈과 입술의 색조화장을 지운다.

② 2차 클렌징

피부유형에 적합한 클렌징 제품으로 얼굴과 목·데콜테 부위를 클렌징한다.

③ 3차 클렌징

피부유형에 적절한 영양물질이 함유되어 있는 화장수로 닦는다.

4. 클렌징 종류와 특징

제품의 분류	종류	특징
씻어내는 유형계면활성제형 세정화장품, Surfactant based type	고체 타입비누, 투명비누	• 세정력이 뛰어남. • 사용 후, 당김이 느껴짐.
	크림·페이스트Paste 타입클렌징 폼	• 산뜻함. • 사용 후, 당김이 느껴짐.
녹여내는 유형용제형 세정화장품, Solvent based type	워터 타입클렌징 워터	• 세정용 화장수의 일종. • 가벼운 화장을 닦아냄.
	겔 타입클렌징 겔	• 수성, 유성 두 가지 타입 • 유성의 경우 : 세정력이 비교적 높다. • 사용 후, 산뜻함.
	액체 타입클렌징 밀크, 로션 타입	• O/W 타입 • 클렌징 밀크 : 유동성이 많음. • 사용 후, 가볍고 산뜻함.
		• O/W 타입 • 클렌징 로션 : 밀크 타입과 크림 타입의 중간 정도 • 클렌징 크림에 비해 산뜻함.
	크림·페이스트Paste 타입클렌징 크림	• W/O타입 • 진한 메이크업 화장을 지울 때 사용, 이중세안 필요

제품의 분류	종류	특징
녹여내는 유형용제형 세정 화장품, Solvent based type	오일 타입클렌징 오일	• 메이크업 화장을 지울 때 적절함. • 피부 보호막을 유지 • 사용 후, 부드럽고 촉촉함.

(1) 씻어내는 유형

1) 클렌징 비누Cleansing soap

① 피부의 약산성 막과 피지막의 손상 초래

② 세정력, 살균력은 뛰어남, 건조함을 유발

2) 클렌징 폼Cleansing foam

① 부드러운 크림 형태의 비누

② 비누에 비해서는 피부 자극이 적음

③ 거품을 일으켜 물에 용해되도록 제조하여 피부 보호기능 접목

(2) 녹여내는 유형

1) 포인트 메이크업 리무버Point make-up remover

① 양쪽 눈과 입술의 색조화장품을 지울 때 사용

② 눈과 입술 전용 리무버 수성 타입, 유성 타입

③ 눈물과 비슷한 정도의 pH로 맞추어져 있어 효과적

④ **수성 타입 제품** : 가벼운 눈가 입가 메이크업을 지우는 데 적합

⑤ **유성 타입 제품** : 수성 타입으로는 지워지지 않는 진한 화장이나 워터프루프 waterproof type 타입의 눈가와 입술화장 지우는 데 적합눈 앞이 뿌옇게 흐려지는 단점

2) 클렌징 티슈Cleansing tissue

① 가벼운 화장 지우기, 메이크업을 수정할 때 사용

② 간편하고 사용하기 편리함

3) 클렌징 워터Cleansing water

① 액상 타입으로 가볍게 화장, 피부 표면을 정리할 때 사용

② 산뜻하고 시원한 느낌

③ 지성 피부에 적당

④ 유성성분에 대한 세정력은 약함

⑤ 화장수에 계면활성제와 에탄올 소량 함유

4) 클렌징 겔Cleansing gel

① 유성 타입과 수성 타입으로 분류

② **유성 타입 제품** : 짙은 화장제거

③ **수성 타입 제품** : 옅은 화장제거, 산뜻함

④ 클렌징을 하면서도 얼굴이 당기거나 건조하지 않고 촉촉한 것이 장점

⑤ 자극이 없어 눈가나 예민부위에 사용하기에 좋음

⑥ 예민성 피부, 건성 피부, 지성 피부에 적합

5) 클렌징 밀크 & 로션 Cleansing milk and lotion

① O/WOil in water 수중유적형의 친수성

② 끈적임 없이 아주 산뜻함

③ 모든 피부 타입에 적합

④ 크림 타입보다 세정력이 약함

⑤ 크림 타입에 비해 비교적 가격이 높고 장기간 보관이 어려움

6) 클렌징 크림Cleansing cream

① W/Owater in oil 유중수적형의 친유성

② 짙은 화장, 무대화장, 특수분장 등 무거운 화장 제거에 적합

③ 끈적임으로 이중세안 권유

④ 건성, 노화피부에 적합

⑤ 로션 타입에 비해 덜 부패함

⑥ 비교적 가격이 싸고 세정력이 우수

⑦ 예민한 피부에는 가급적 사용 자제

7) 클렌징 오일Cleansing oil

① 완전한 오일 형태

② 물에 잘 용해되는 친수성 제품이 많이 사용됨.

③ 친수성 오일인 경우에는 가격이 고가

④ 건성, 예민성, 노화 피부에 적합

⑤ 피부 침투성이 좋아 땀이나 피지에 강한 화장에도 효과적

⑥ 제품에 따라 오일 성분의 끈적거림이 남는다.

5. 얼굴 클렌징하기

(1) 피부관리 준비 단계

웨건 셋팅 준비완료 (화장품, 기구, 비품 준비)	1) 모델, 고객(피시술자) : 관리 가운 착용 후, 누운자세 2) 관리사(시술자) : 시술준비	본격적인 얼굴관리 시작 (클렌징, 딥클렌징, 매뉴얼테크닉, 팩 & 마스크, 보호)

(2) 얼굴 클렌징하기

얼굴 클렌징 순서 Check Point

헤어터번 하기 → 손 소독하기 → 색조화장 지우기 → 얼굴 클렌징하기 → 티슈 사용하기 → 해면 사용하기 → 습포 닦기 → 화장수 사용하기 → 피부유형 분석하기

1) 헤어터번 하기

피부 관리를 하는 동안 화장품이나 팩제로부터 고객의 머리카락을 감싸 보호한다. 고객의 머리 위치가 터번의 중심에 오도록 하여 왼쪽부터 머리카락을 감싸고 정리하면서 이마부분이 잘 드러나도록 당겨서 마무리한다. 머리카락이 빠져 나오지 않으며 고객의 귀부분이 접히지 않게 주의한다.

2) 색조화장 지우기 Point make-up remover

메이크업 전용 리무버를 이용하여 아이브로eyebrow, 마스카라mascara, 아이라인eye-line, 입술 등 색조화장을 피부 자극 없이 지운다.

① 준비 및 관리순서

• 준비물

젖은 화장솜, 면봉, 화장솜통, 유리볼, 아이 메이크업 전용 리무버, 소독용 알코올 등

• 관리순서

손 소독 → 아이 메이크업 전용 리무버를 적셔 둔 화장솜과 면봉 준비 → 두 눈과 입술 색조 화장 닦아내기

② 눈 화장 지우기

• 화장솜 얹어 두기

메이크업 전용 리무버를 젖은 화장솜에 적셔 두 눈과 입에 올려둔다.

• 아이 새도우 & 눈썹 지우기

얹어 둔 화장솜으로 눈 앞쪽 눈두덩이에서 눈꼬리 쪽안→밖, 눈썹 머리에서 눈썹 꼬리 쪽안→밖으로 닦아낸다.

• 아이라인 지우기

메이크업 전용 리무버를 면봉에 묻혀 눈 앞쪽에서 눈꼬리 쪽안→밖으로 눈꺼풀을 살짝 들어 가볍게 꼼꼼히 닦아낸다.

• 마스카라 지우기속눈썹 세정

메이크업 전용 리무버를 묻힌 젖은 화장솜을 반으로 접어 눈썹 아래에 놓고 면봉을 이용하여 마스카라를 닦아낸다.

주의할 점 *Check Point*

눈 주위 피부는 가장 민감하므로 반드시 눈 전용 리무버를 사용한다. 일반 클렌징 제품으로 눈 화장을 지우는 것은 알레르기를 유발할 가능성이 있으므로 주의한다. 잔여물이 남을 경우 색소 침착을 유발할 수 있으므로 꼼꼼하게 지운다.

① 손 소독하기

② 메이크업 전용 리무버 제품 준비하기

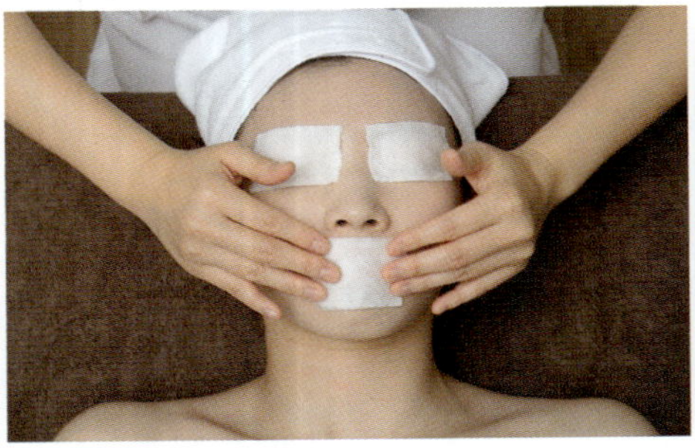

③ 화장솜 얹어두기

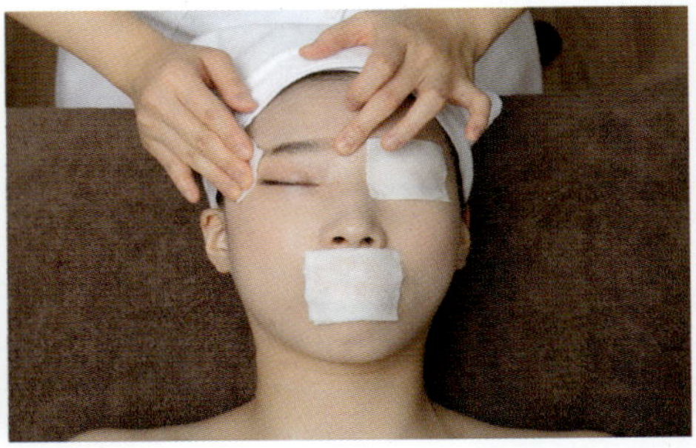

④ 아이 섀도우 & 눈썹 지우기

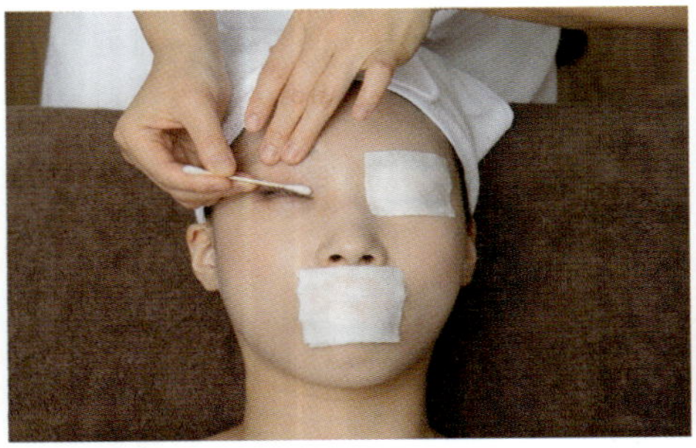

⑤ 아이라인 지우기

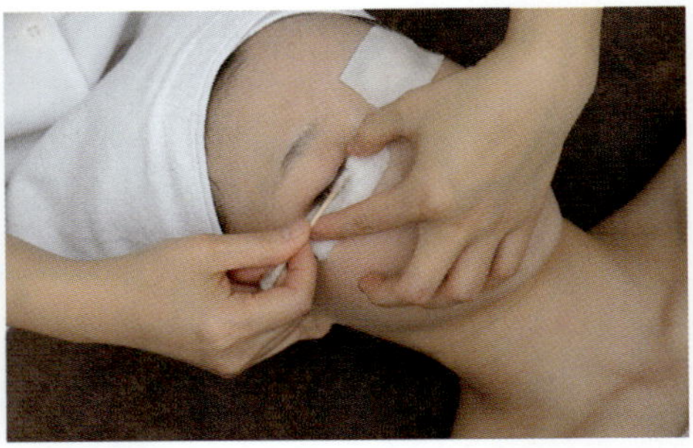

⑥ 마스카라 지우기

③ 입술 화장 지우기

• 입술 위 화장솜 걷어내기

메이크업 전용 리무버에 적신 화장솜을 입술에서 걷어낸다. 한 손은 입가 근육에 고정시키고 다른 한 손은 화장솜을 중지에 끼워서 안쪽을 향해서 닦아준다.

• 윗 입술 지우기

걷어낸 화장솜을 반으로 접어 윗입술위 → 아래쪽으로 닦아 내린다

• 아래 입술 지우기

메이크업 전용 리무버를 적신 젖은 화장솜을 반으로 접어 사용하며, 아래 입술아래 → 위쪽으로 닦아 올린다.

• 입술 전체 지우기

두 입술이 맞 닿는 입술 중앙도 닦아내며, 입술 사이에 색조 화장품이 남아 있을 경우 면봉을 이용해도 무관하다. 다시 한 번 메이크업 전용 리무버에 적신 젖은 화장솜을 이용하여 가볍게 닦아낸다.

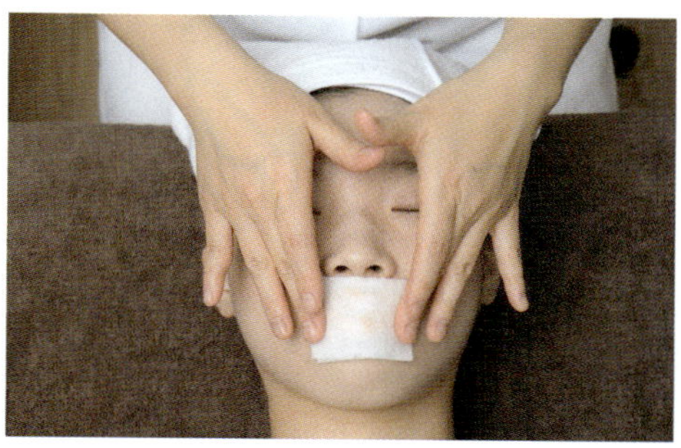

① 화장솜 걷어내기

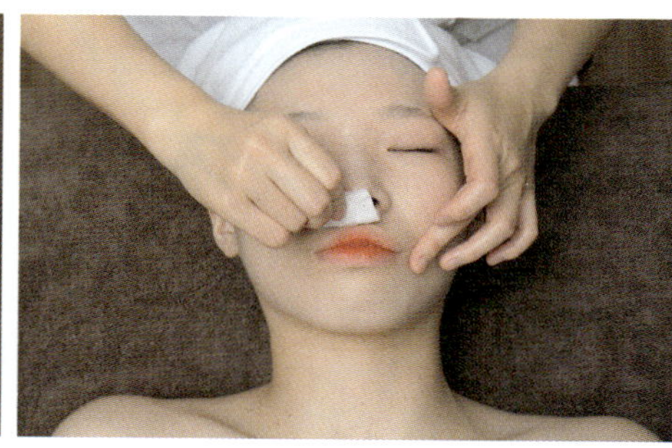

② 윗입술 지우기

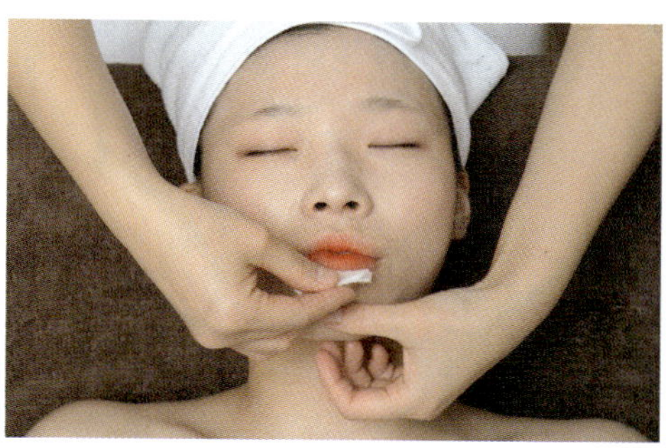

③ 아래 입술 지우기

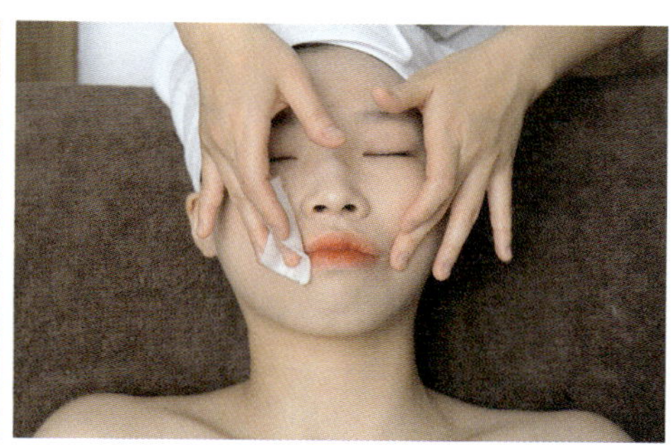

④ 입술 전체 마무리하기

3) 얼굴 클렌징하기

① 준비 및 관리과정

㉠ 준비하기

피부 유형별 클렌징 제품, 유리볼, 미용 티슈 등

㉡ 관리순서

피부 유형에 맞는 클렌징 제품 선택 후, 유리볼에 준비 → 클렌징 제품을 얼굴에 덜어 올리기 → 클렌징 제품 도포하기 → 클렌징 동작하기

② 클렌징 제품 도포하기

피부유형에 맞는 클렌징 제품을 데콜테 → 턱 → 볼 → 이마 → 코 순으로 피부 위에 덜어 놓는다. 다음에 데콜테 쓸어주기 → 목 쓸어 올리기 → 턱 라인 → 볼 전체 → 코, 콧등 → 이마 → 관자놀이 순으로 클렌징 제품을 펼쳐 준다.

③ 클렌징 동작 관리하기

클렌징 동작 순서에 맞춰 피부에 자극 없이 가볍고 부드럽게 조금 빠르게 시술하고 너무 오래 문지르는 동작은 자제한다.

- 앞가슴 쓸어주기

양 손바닥을 이용하여 가슴 윗부분을 좌·우 교대로 쓸어 준다.

- 앞가슴 마찰하기

양 손바닥을 이용하여 가슴 중앙에서 겨드랑이액와부 부위까지 원을 둥글게 그리며 마찰한다.

- 목 쓸어 올려주기

양 손바닥을 이용하여 한쪽 귀 아래 방향에서 반대쪽 귀의 방향으로 가볍고 부드럽게 쓸어 올린다.

- 턱 쓰다듬기

한 손씩 교대로 귀에서 반대쪽 귀까지 손바닥을 이용해서 교대로 쓸어 준다

- 턱 주위 문지르기

턱 주위를 엄지를 이용하여 원을 그리듯이 문지른다.

• 입가구륜근 주변 문지르기

입 주위 구륜근 주위를 엄지로 원을 그리듯이 문지른다.

• 볼 세 부위 정도 나눠 마찰하기

볼을 크기에 따라 이등분 또는 삼등분으로 나눠 원을 그리며 마찰한다. 두 손의 양끝을 손가락 면을 이용하여 둥글게 원을 그리며, 안면 중앙에서 바깥 방향을 향해 문지른 후, 관자놀이 마무리한다.

• 코 벽, 콧등 문지르기

중지로 코 부위를 둥글게 원을 그리면서 문지른다. 다음, 양손 중지 손가락 면으로 코벽과 콧등을 문지른다.

• 눈 주위 원 그리기

양 손가락의 중지를 이용하여 눈 주변을 가볍게 이마 쪽으로 끌어 올리듯 원을 그리며 쓸어 준다

• 이마 마찰하기

양 손가락 면을 교대로 눈썹 부분에서 시작하여 헤어라인 부위까지 이마 전체를 위로 부드럽게 쓸어 올리며 마찰한다.

• 이마 가로 쓰다듬기

양 손바닥 면을 이용하여 교대로 이마를 가로로 쓸어 준다.

• 관자놀이태양혈 마무리

관자놀이에서 작은 원을 그리면서 가볍게 지압하고 마무리 한다.

① 클렌징 제품 준비하기

② 클렌징 제품 도포하기

③ 클렌징 제품 펴 바르기

④ 데콜테 부위 클렌징하기

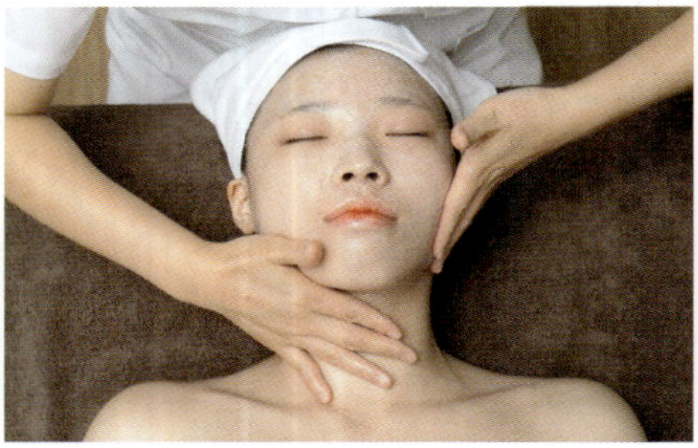

⑤ 목 부위 클렌징하기

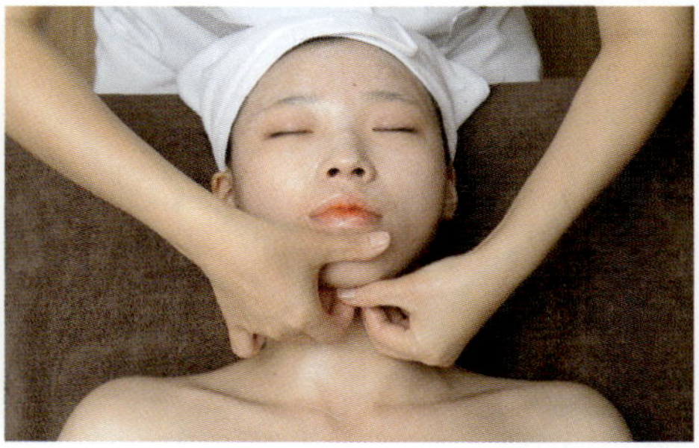

⑥ 턱 부위 클렌징하기

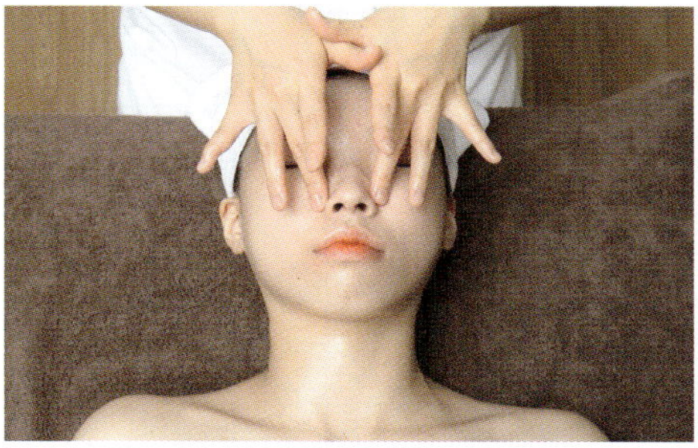

⑦ 코 부위 클렌징하기

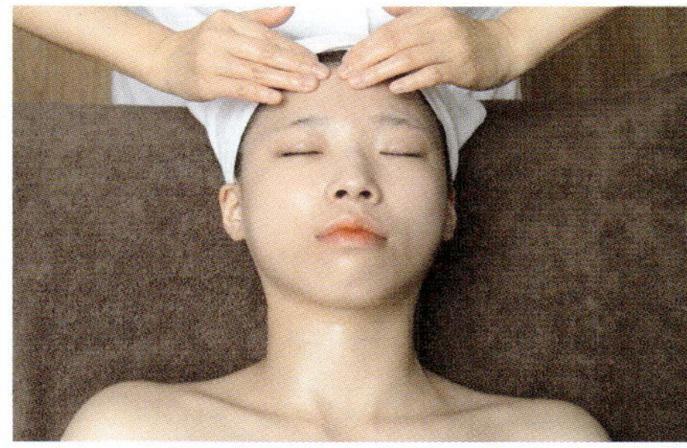

⑧ 이마 부위 클린징하기

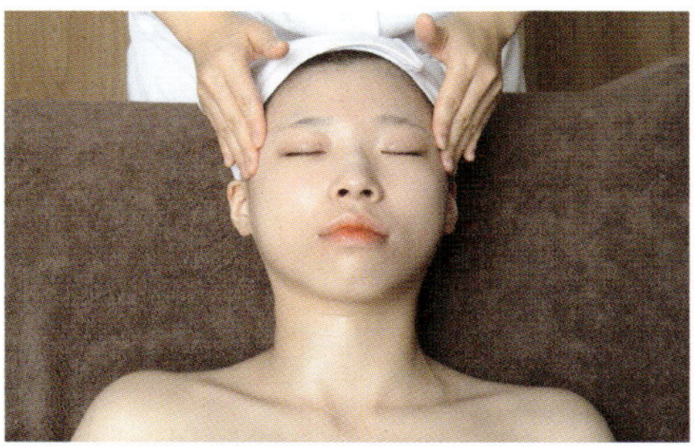

⑨ 마무리하기

(3) 티슈 사용하기

미용 티슈를 이용하여 클렌징 동작 이후, 클렌징 제품의 잔여물을 정리해 준다.

[관리 순서]

얼굴 부위 닦기 → 목, 가슴 위 닦기

① 미용 티슈를 삼각형으로 접고 나서, 코를 기준으로 위이마, 눈, 코, 볼부위를 가볍게 눌러 닦는다.

② 이번에는 코를 기준으로 아래볼 부위, 인중, 입술, 턱 부위를 가볍게 눌러 닦는다.

③ 새로운 티슈를 이용하여 목 부위 가볍게 손등으로 한 번 닦기, 다음으로 데콜테 부위를 티슈의 사용되지 않은 깨끗한 부분으로 가볍게 눌러 닦아낸다.

④ 티슈를 접어 손가락에 감싸 쥐고 미트를 만들어 다시 한 번 눈 주위, 코 주변 등 구석진 부위를 가볍게 눌러 닦는다.

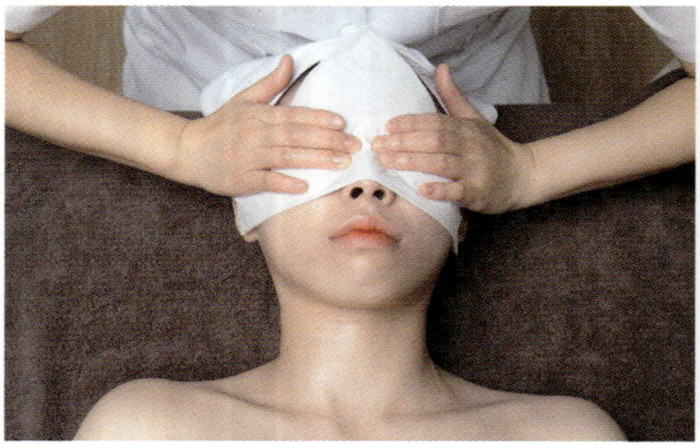

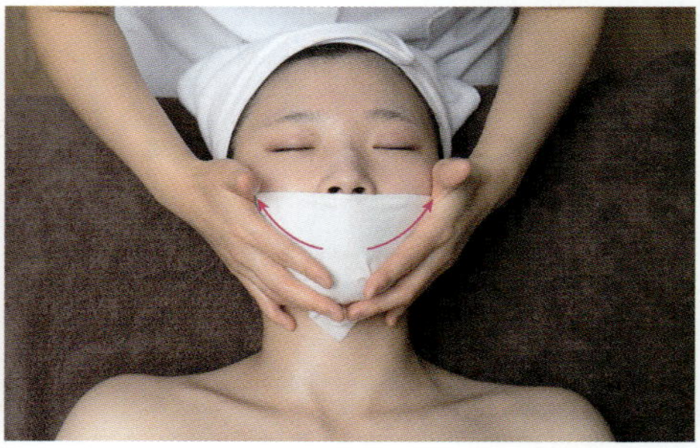

① 얼굴 부위 티슈 사용하기

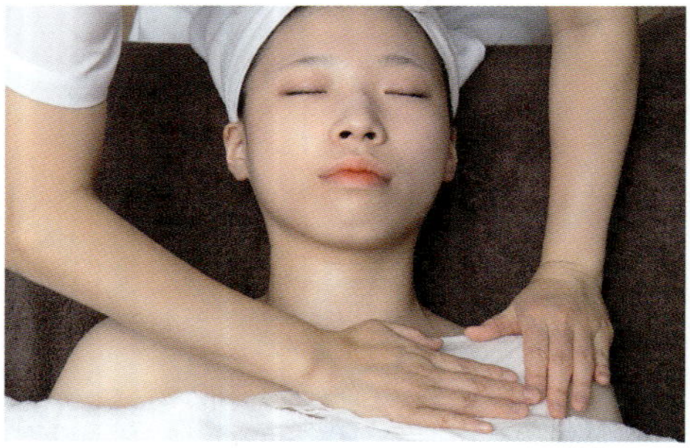

② 데콜테 부위 티슈 사용하기

티슈 접기

Check Point

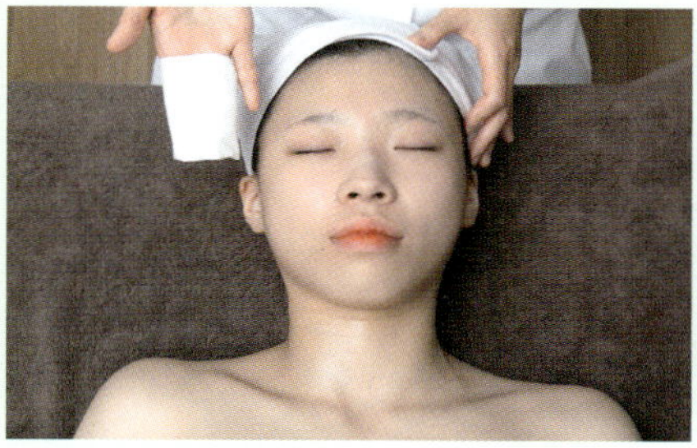

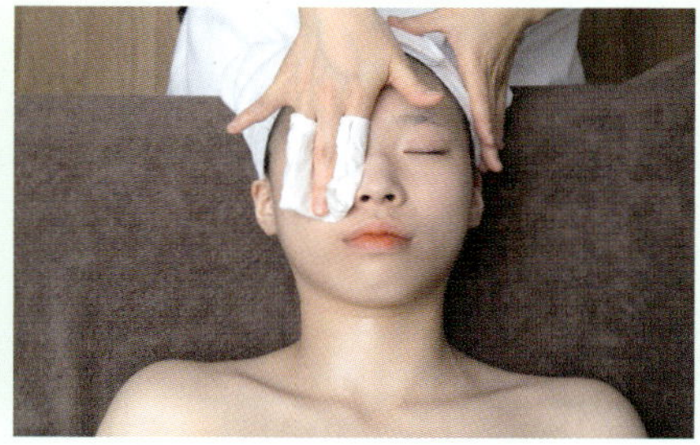

(4) 해면스펀지 사용하기

해면스펀지 또는 일회용 부직포를 이용하여 클렌징 제품의 잔여물 및 노폐물을 부드럽고 신속하게 제거해 준다.

[관리 순서]

눈 위 → 이마 → 코 부위 → 볼 → 입술 주변 → 턱 주변 → 목 → 앞가슴 순으로 닦아 준다.

① 피부에 자극 없이 가볍게 사용한다.

② 볼에 담가놓은 해면의 물기는 적당히 짜서 사용 시 물이 흘러내리지 않도록 주의한다.

① 눈 부위 해면 사용하기

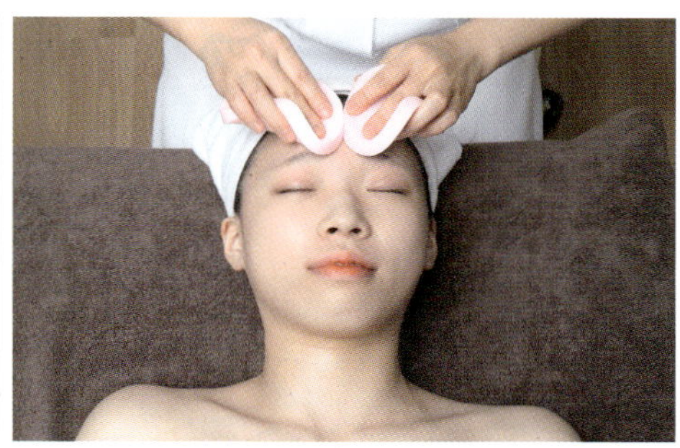

② 이마 부위 해면 사용하기

③ 코 부위 해면 사용하기

④ 볼 부위 해면 사용하기

⑤ 턱 부위 해면 사용하기

⑥ 목 → 데콜테 부위 해면 사용하기

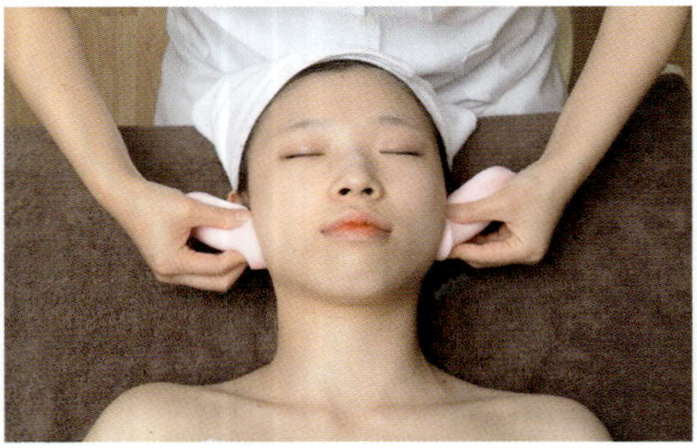

⑦ 귀부위 닦고 마무리하기

(5) 습포 사용하기

[관리 순서]

두 눈가 → 이마 → 코 부위 → 볼 부위 → 입술 주변 → 턱 부위 → 목 부위 → 가슴 윗부분 순으로 닦아 준다.

습포는 온습포를 사용하며 냉습포는 피부관리의 진정단계 또는 마무리 단계에 사용한다.

1) 온습포

온장고의 온습포 보관온도는 80℃ 이상이 적당하며, 피부에 적용시 적절한 온습포 온도는 47~50℃ 정도이다.

① 효과

- 혈액순환 촉진
- 모공 확장
- 먼지와 피지 제거
- 죽은 각질 제거
- 피지선 자극
- 적절한 수분 공급
- 다음 단계 사용 화장품 흡수율 상승

② 유의점

- 사용 전 반드시 팔 안쪽에 온도를 체크한 후 사용
- 50℃ 이상의 뜨거운 습포 사용금지
- 민감성, 모세혈관 확장피부 사용금지
- 염증유발 가능성 있는 피부에 온습포 사용금지
- 피부관리 시작 단계에 사용하면 효과적
- 소독된 타월 사용
- 적용 시 자극을 최소화

2) 냉 습포

① 효과

- 피부의 수렴작용, 일시적 혈관 수축작용 및 염증완화
- 일시적 탄력 유지, 가려움이 있는 피부에 진정 효과

② 유의점

- 마스크·팩과 같이 피부관리 최종 마무리에 주로 많이 사용한다.
- 딥클렌징 시 AHA 관리 이후 사용한다.
- 제모 후 냉습포 사용
- 예민성 피부, 모세혈관 확장피부는 17℃ 이하의 아주 차가운 냉습포는 피한다.

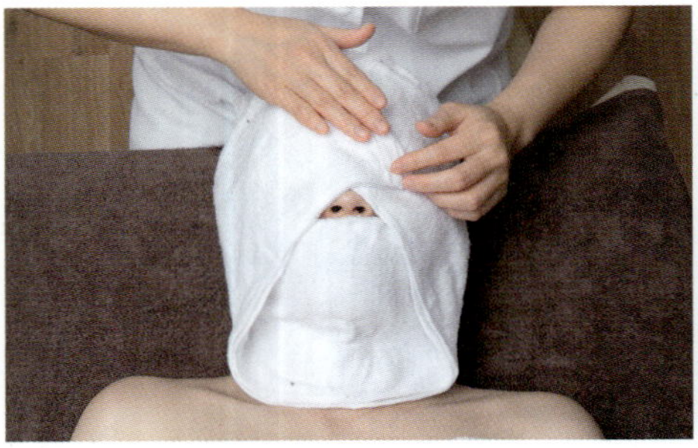

① 얼굴부위에 습포 얹기

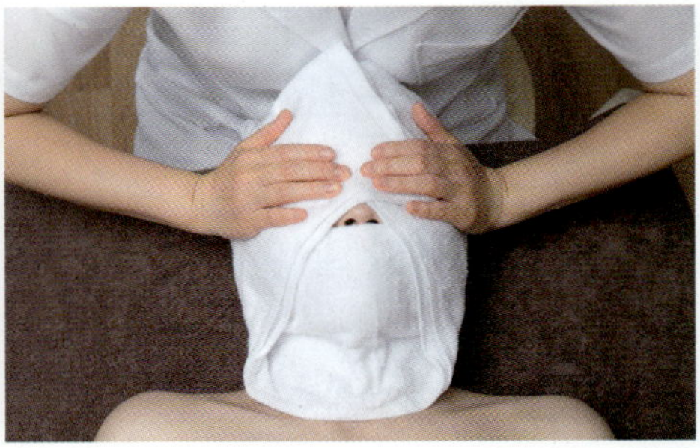

② 두 눈을 감싸 지긋이 누르기

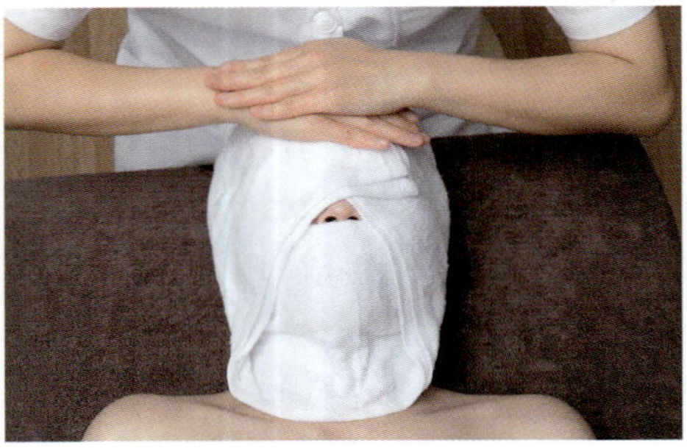

③ 이마 지긋이 누르기

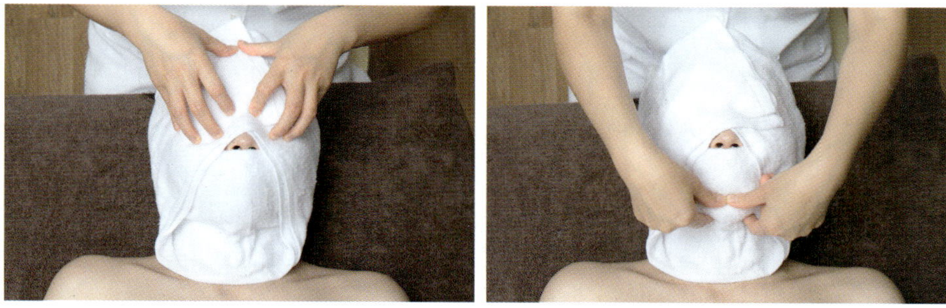

④ 경혈점 차례로 지긋이 누르기

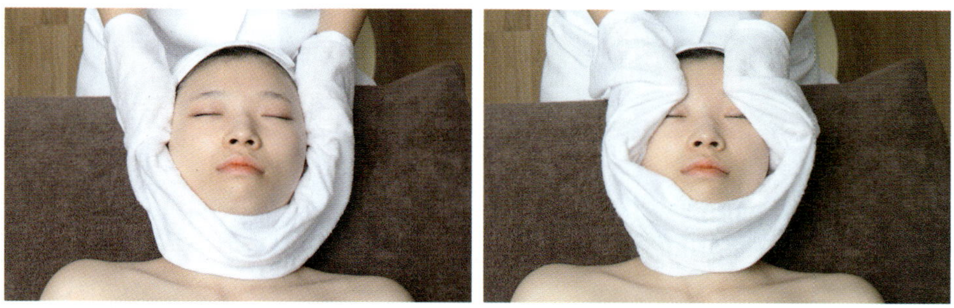

⑤ 습포로 닦아 주기 1

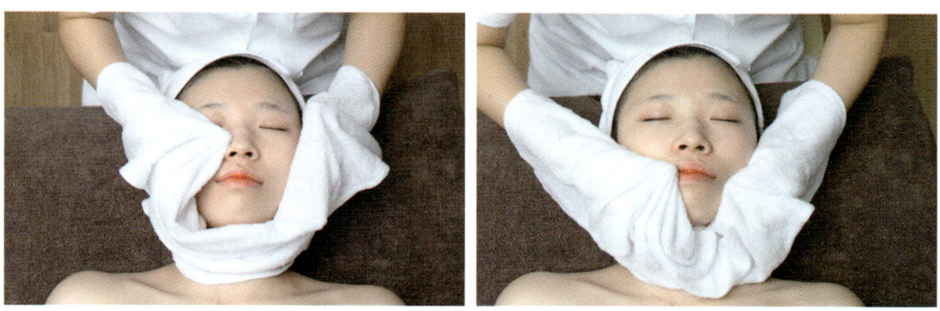

⑥ 습포로 닦아 주기 2

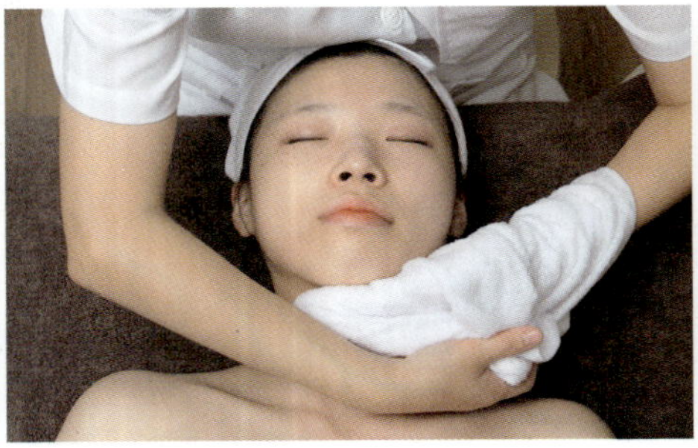

⑦ 습포로 닦아 주기 3

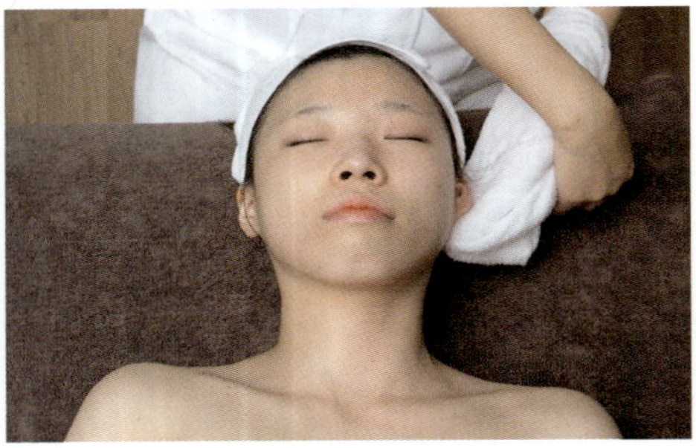

⑧ 습포로 닦아 주기 4

얼굴 주요 경혈점

Check Point

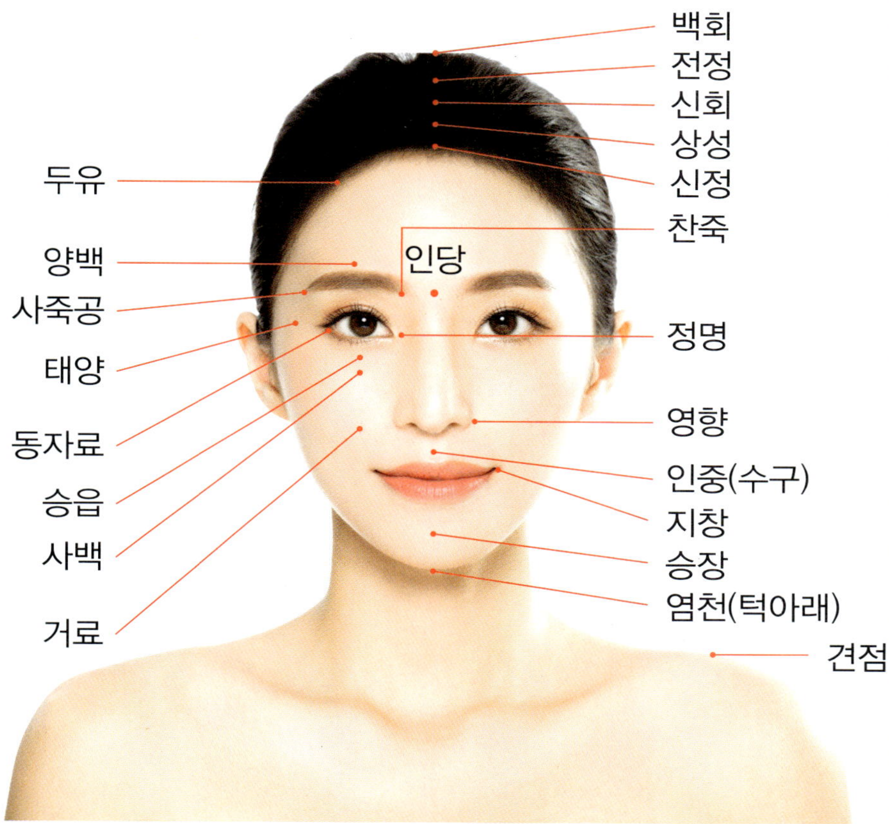

Check Point

얼굴 주요 경혈점

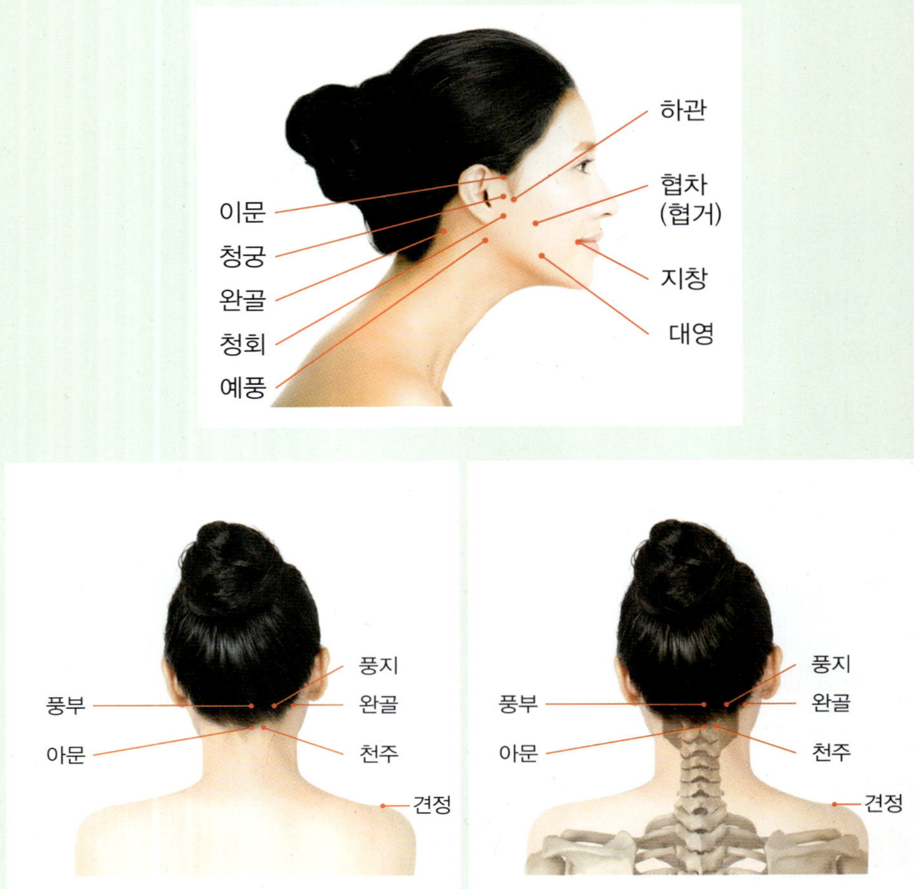

(6) 토너 정리하기

토너toner, 토닉tonic, 스킨토닉skin tonic, 프레시너freshner, 아스트린젠트astringent 등 다양한 이름으로 불린다. 일반적으로 화장수는 pH5~6.5 정도의 약산성으로 투명하거나 반투명의 액상 제품이다.

1) 목적

① 클렌징 이후, 잔여물을 제거해 주는 단계로 사용된다.

② 피부의 pH 균형을 맞춰 주며, 다음 단계의 제품 흡수를 용이하게 해 준다.

③ 피부 유형에 따라 청량감, 긴장감, 수분을 공급함으로써 피부 유연성을 부여한다.

2) 종류

① 유연 화장수 Softening lotion

보습제, 유연제 함유로 피부 각질층을 촉촉하고 부드럽게 한다. 건성 피부, 노화 피부에 사용한다.

② 수렴 화장수 Astringent lotion

흔히 아스트린젠트Astringent 혹은 토닝 로션Toning lotoin으로 불린다.

① 토너 준비하기

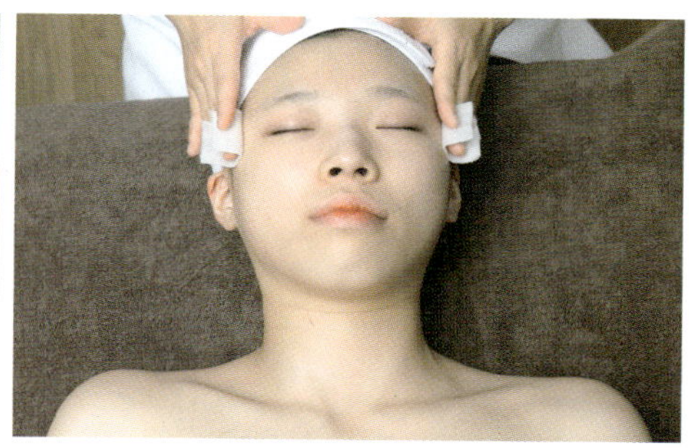

② 눈 → 코 → 이마 순으로 토너 정리

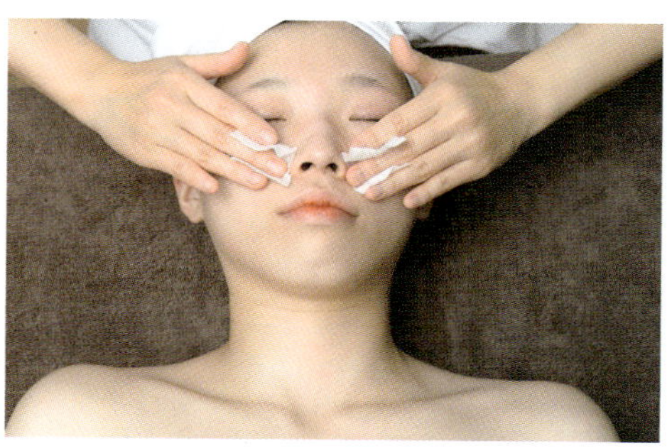

③ 볼 → 입술 → 턱 순으로 토너 정리

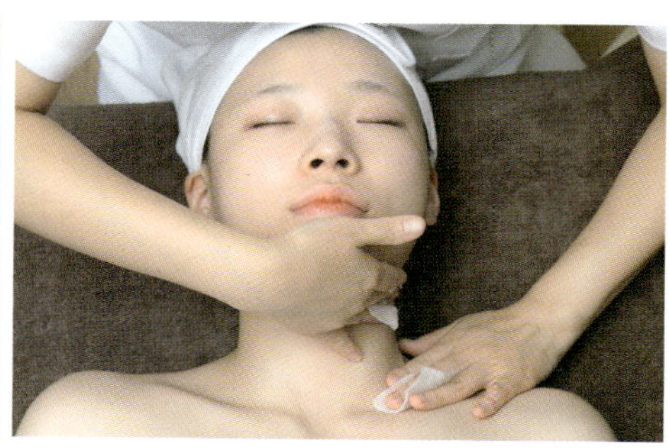

④ 목 → 데콜테 순으로 토너 정리

얼굴 클렌징하기

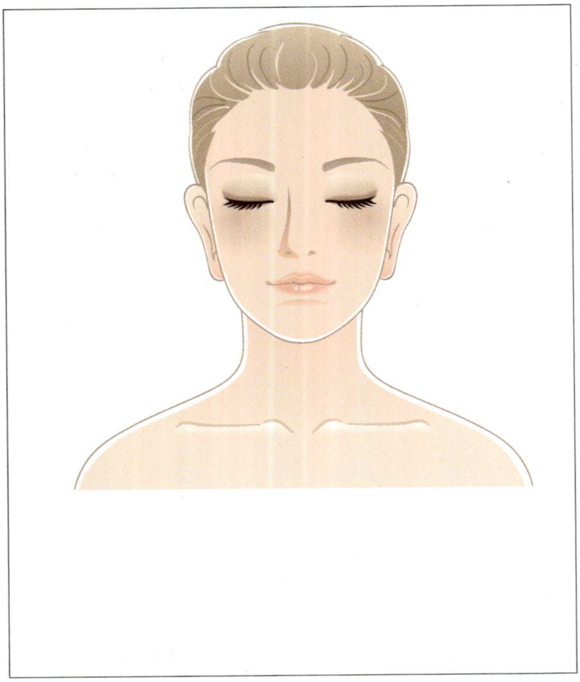

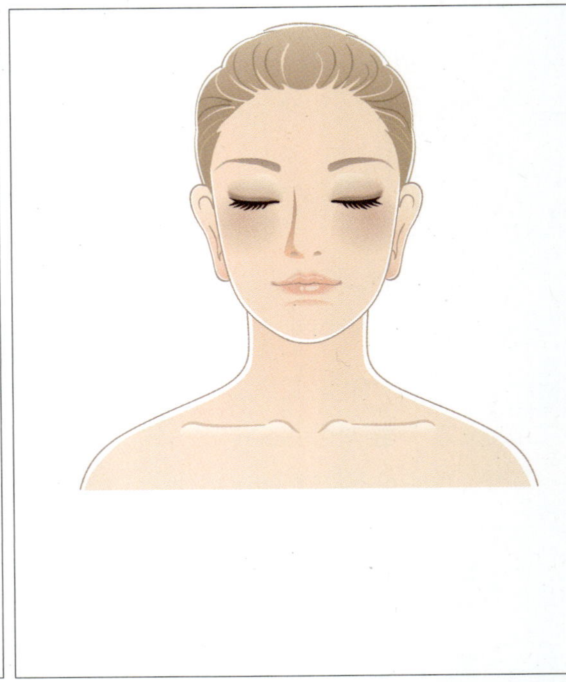

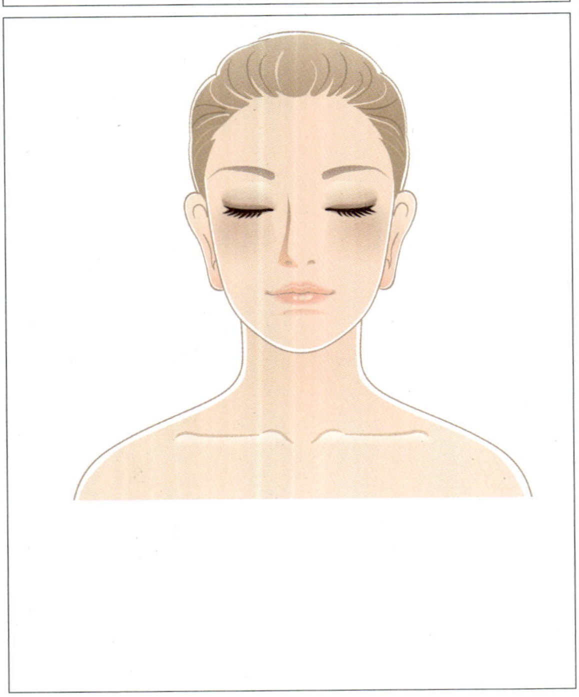

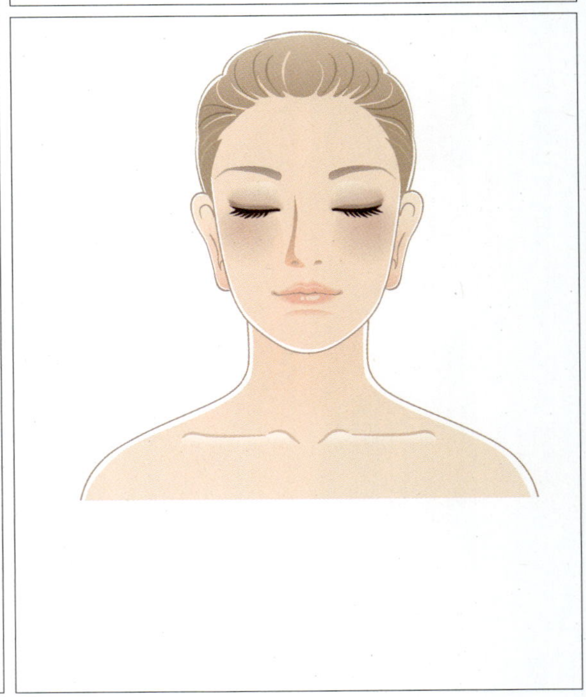

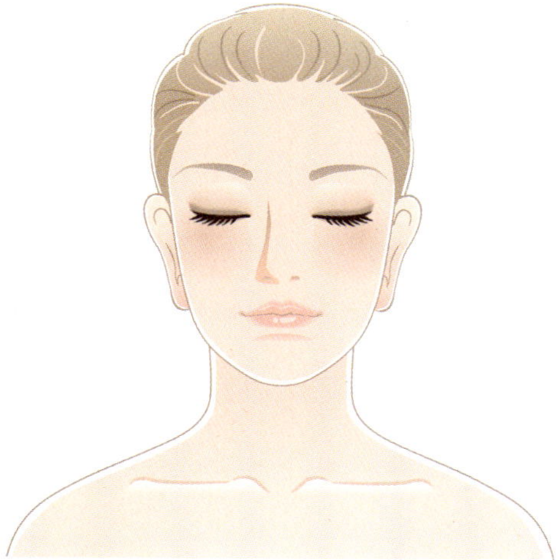

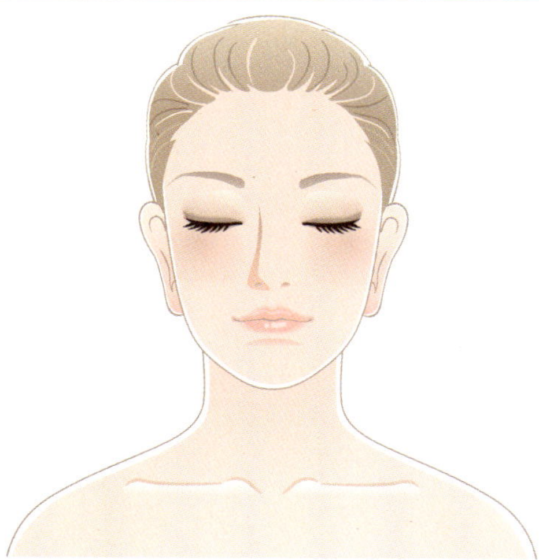

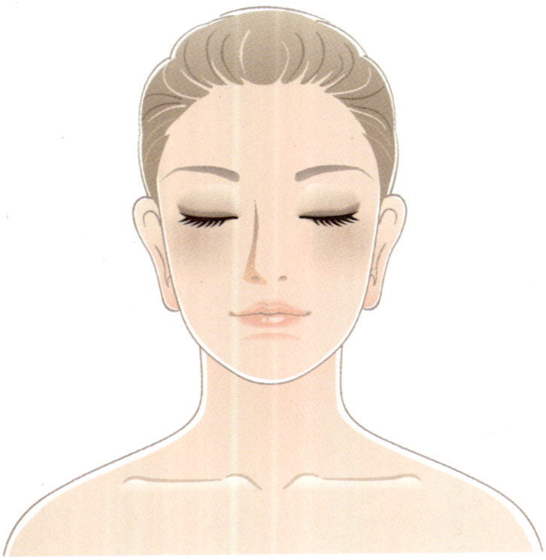

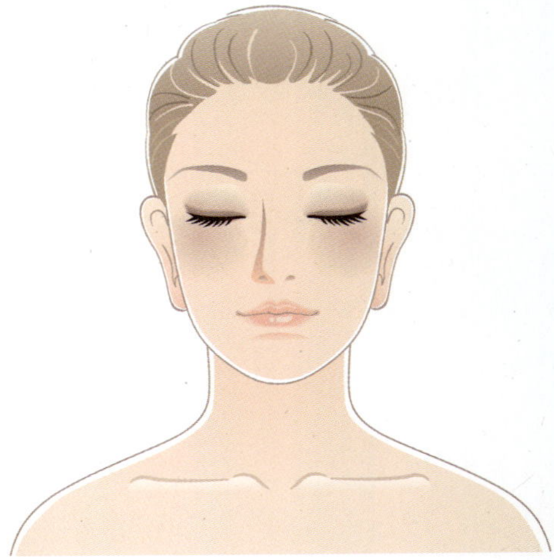

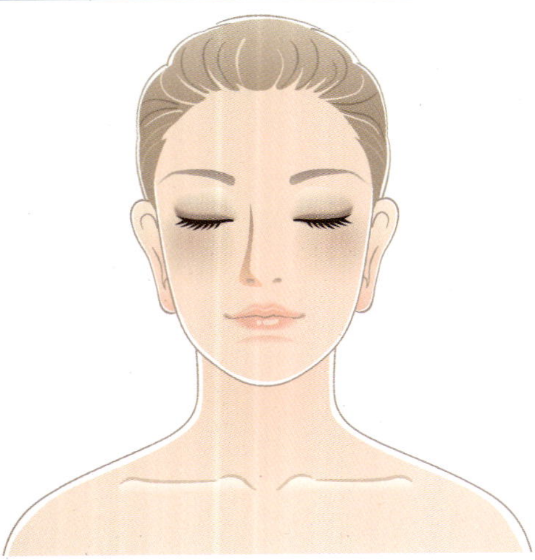

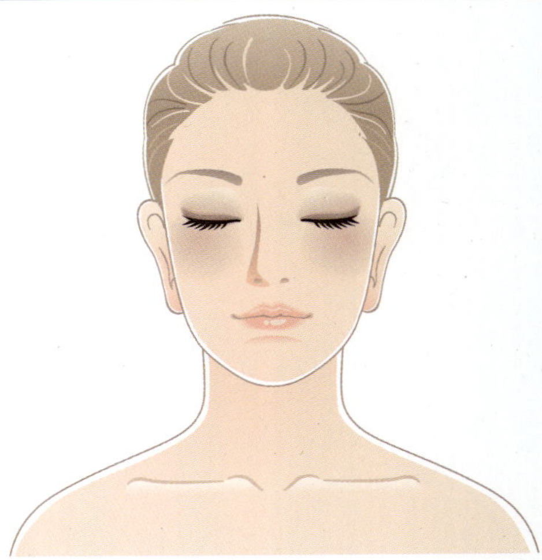

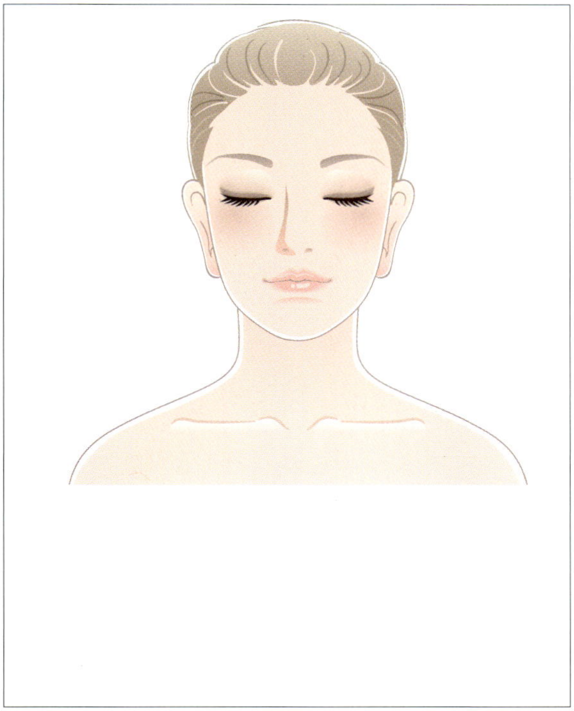

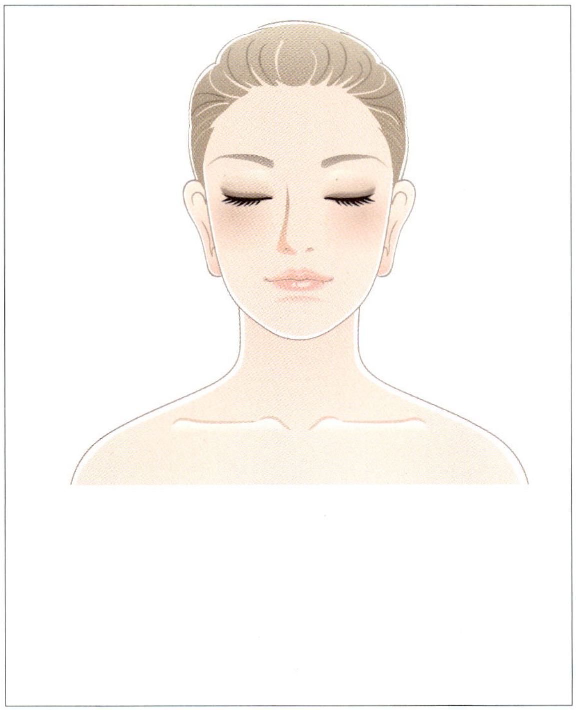

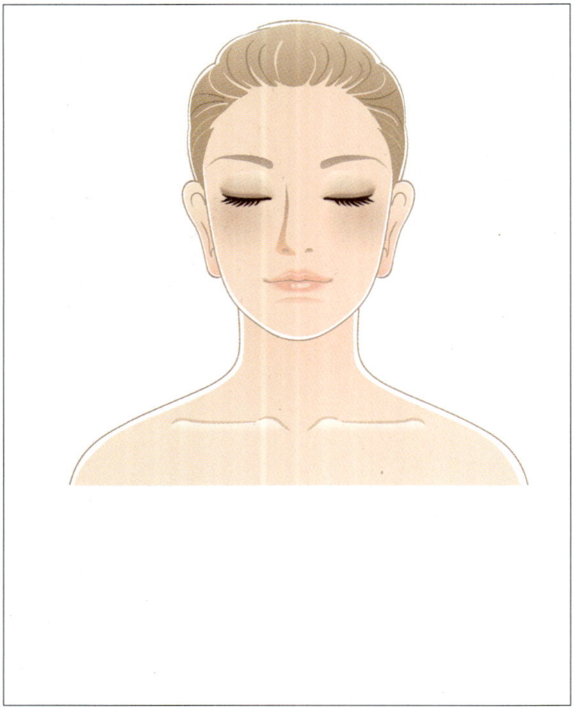
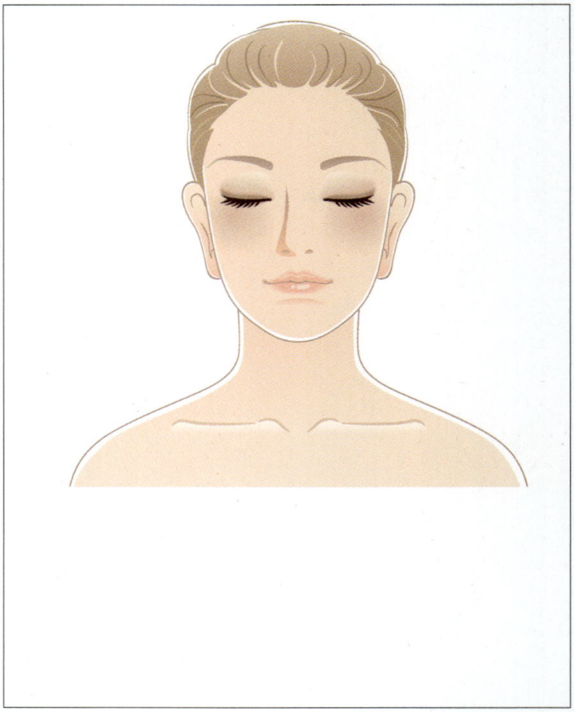
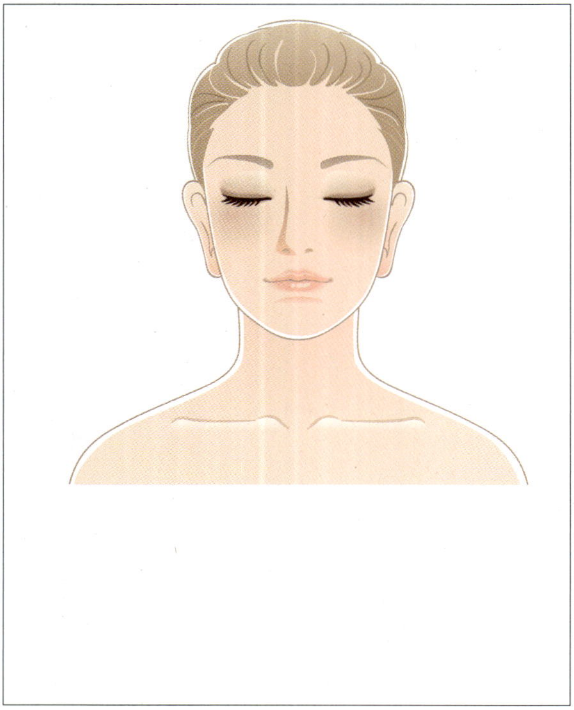
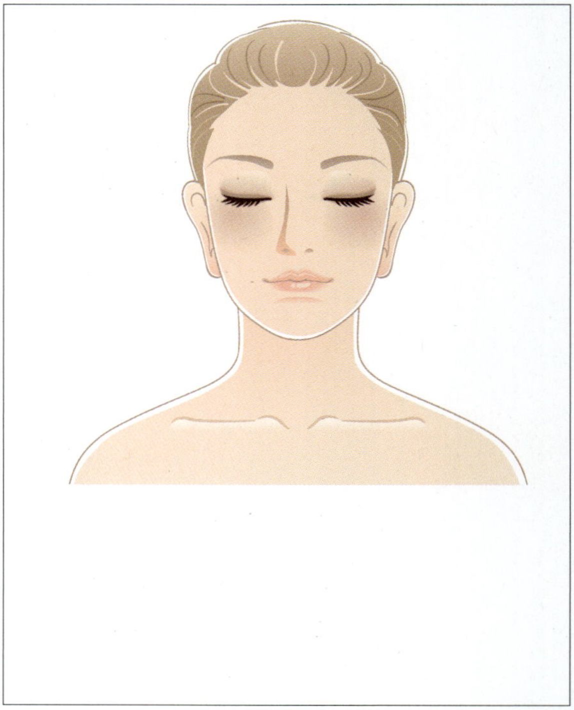

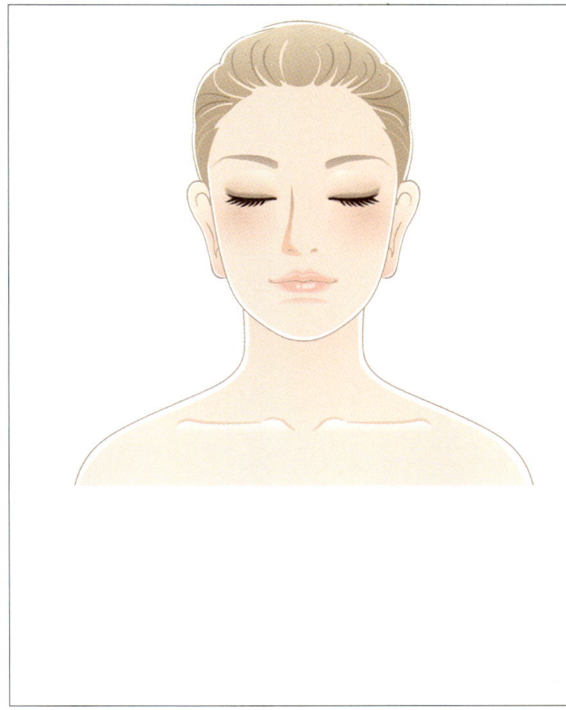
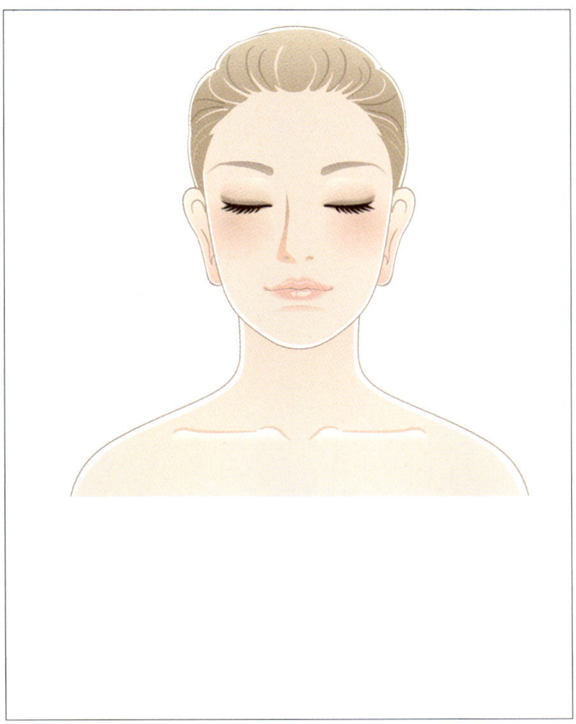
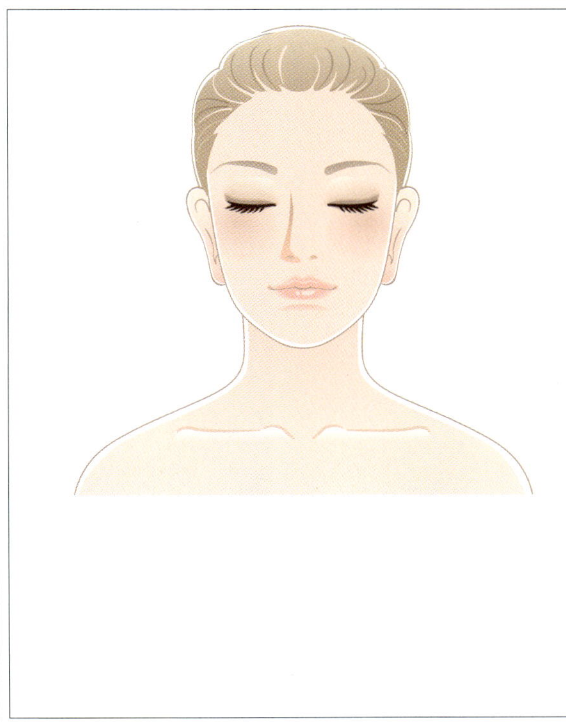

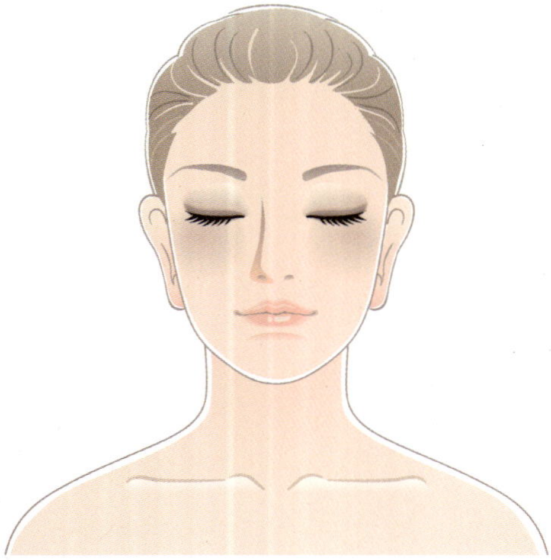
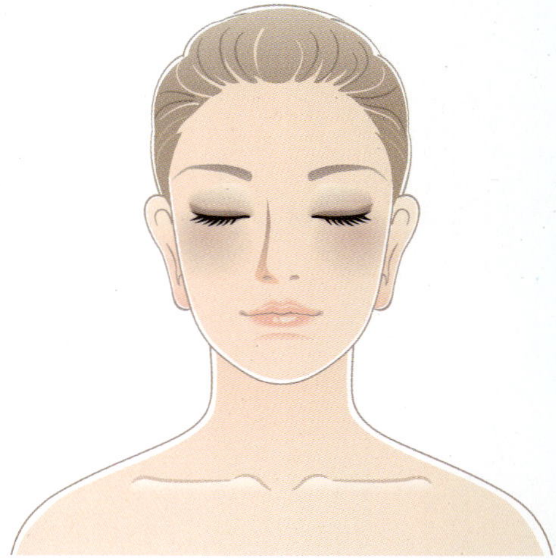
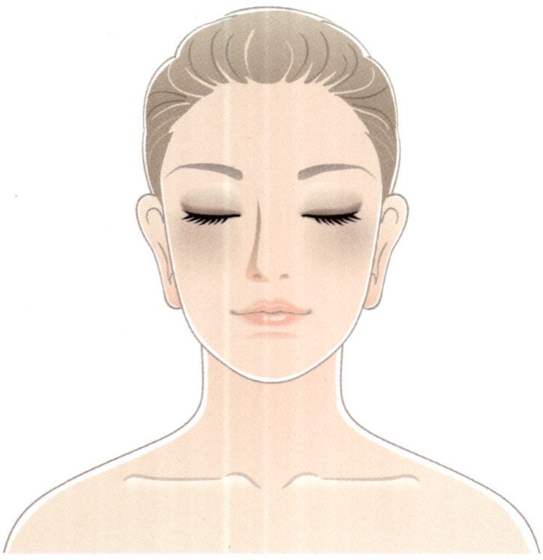
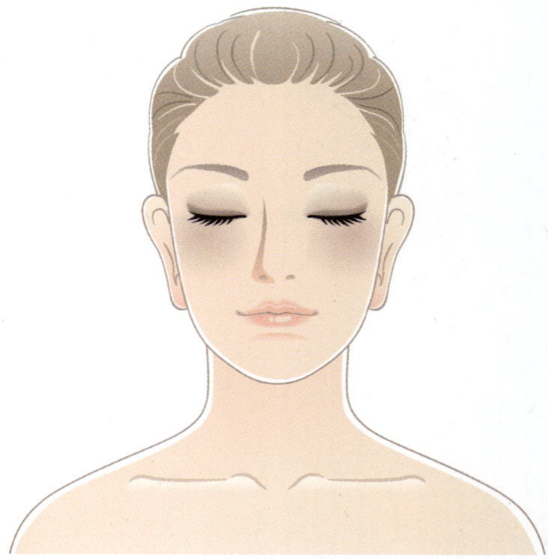

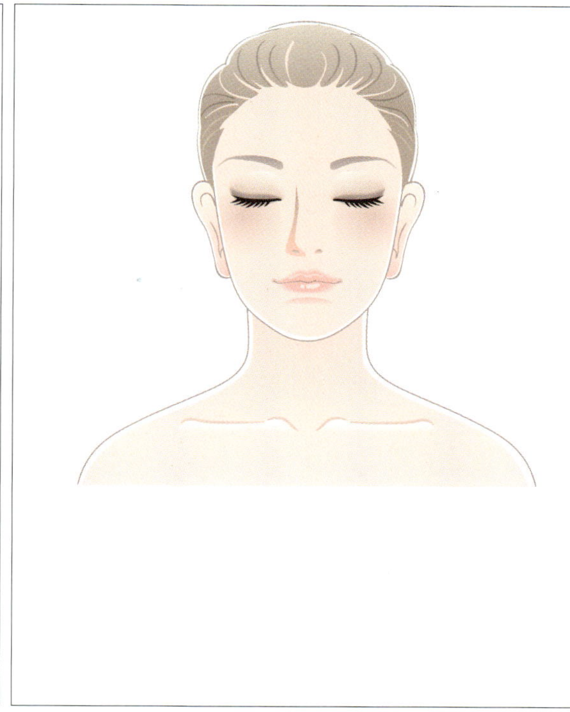

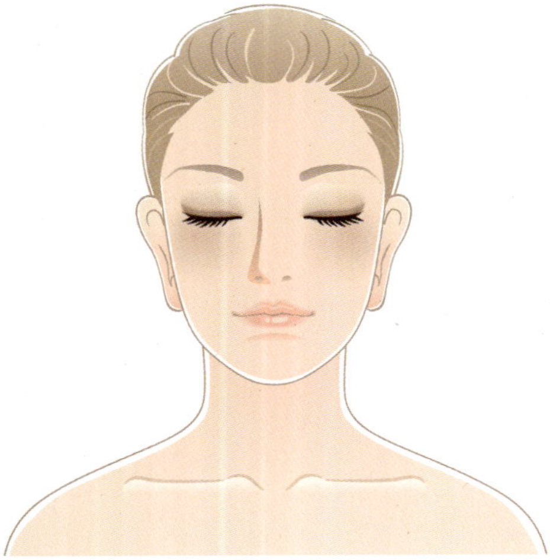

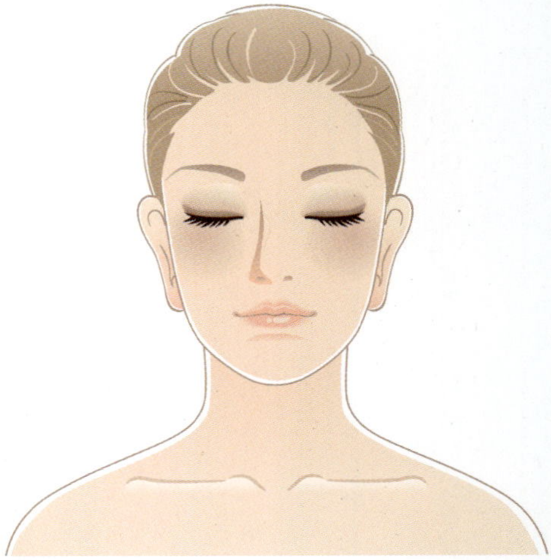

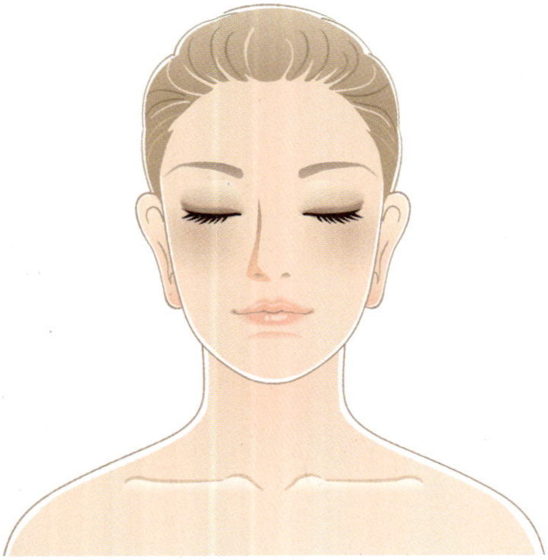

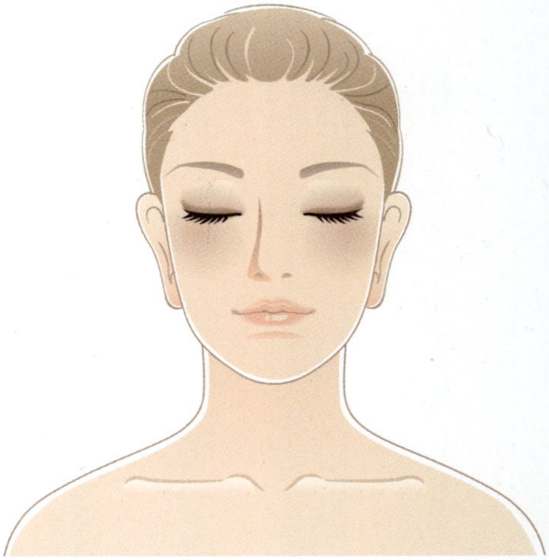

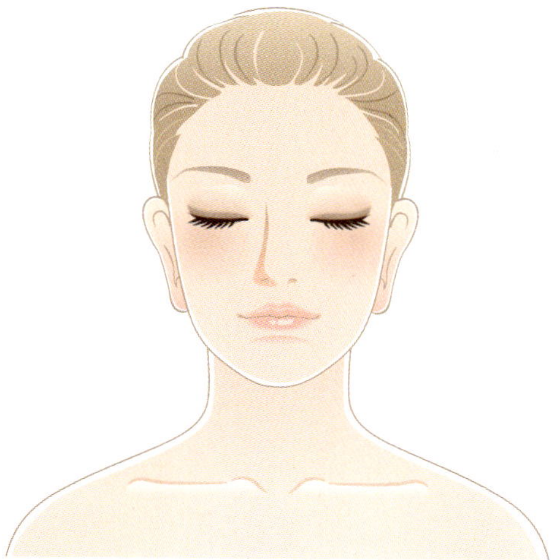

2. 얼굴 딥클렌징하기

딥클렌징 제품을 선택하고 제품의 특성과 피부유형에 맞는 딥클렌징을 적용하며, 피부미용 기기나 기구를 딥클렌징에 활용할 수 있는 작업이다.

1. 딥클렌징Deep Cleansing의 개념

죽은 세포인 각질층이 두꺼울 경우 흡수하고자 하는 유효 성분들의 흡수 장애가 일어나고, 표피의 살아 있는 세포에도 유효성분 전달이 방해되어 관리효과가 줄어든다. 이에 딥클렌징은 피부의 안색을 정화하고 맑고 매끈한 피부결을 유지시키며 피부관리적 측면에서는 흡수하고자 하는 유효 성분들이 쉽게 흡수되어 화장품의 효능을 발휘하게 하는 중요한 역할을 한다.

2. 딥클렌징 제품의 종류 및 효과

(1) 딥클렌징 제품의 종류

화학적 방법으로 효소Enzyme와 아하AHA, 물리적 방법으로 스크럽Scrub과 고마쥐Gommage가 있다.

① **효소**Enzyme

단백질 분해성분인 효소를 이용하여, 떨어져 나가야 할 각질층 피부에서 무리없이 정리해 준다. 효소는 적정 온도와 습도를 유지할 때 효과적이다. 파우더 타입이 보편적이며, 스티머 또는 온습포 사용으로 효소의 작용력을 상승시켜 준다.

효소의 주요성분은 파파야papaya, 펩신pesin, 트립신trypsin, 브로멜린bromelain 등이다.

모든 피부 타입에 사용 가능하다.

② **스크럽**Scrub

과립형태의 작은 입자 성분을 이용하여 표피의 죽은 각질들을 가볍게 문질러 주며 정리해 준다. 스크럽의 주요성분은 살구씨, 아몬드, 조개껍데기 가루, 밀기울,

폴리에틸렌 등이다. 주로 정상 피부와 지성 피부 타입에 사용한다.

③ 아하AHA, Alpha Hydroxy Acid

과일 산을 이용하여 죽은 각질 세포의 응집력을 약화시켜, 불균형적인 각질층을 정상화 시켜준다.

아하의 주요성분은 사탕수수 추출물Glycolic acid, 발효우유 추출물Lactic acid, 사과산 추출물Malic acid, 감귤 추출물Citric acid 등이다.

주로 노화 피부, 색소침착 피부, 건성 피부, 지성 피부에 사용되고 있다. 예민성 피부, 화농성 여드름 피부에는 사용을 금한다.

Check Point

바하BHA, Beta Hydroxy Acid

- 피부 미백과 함께 각질 제거 용도로 사용되며 일명 살리실산이라고 한다.
- 버드나무, 윈터그린, 자작나무에서 추출한다.
- 나라마다 사용 기준 허용 범위가 조금씩 다르며, 우리나라에서는 0.6%까지 허용하고 있다.

AHA의 주요 구성성분

글리콜산Glycolic Acid	젖산Lactic Acid	사과산Malic Acid	주석산Tartaric Acid	구연산Citric Acid
• 사탕수수에서 추출 • AHA 중 분자량이 가장 작아 침투력이 매우 높음 • 여드름, 과색소, 노화, 건성, 깊은 주름, 과각질화 피부에 적용	• 발효우유에서 추출 • 수분함량이 높아 보습효과 탁월 • 각질층의 탄력성을 높여주는 기능 • 노화된 각질제거 • 세포재생 촉진 작용	• 사과, 복숭아 등에서 추출 • 능금산이라고 함 • 피부표면을 유연하게 해 주는 기능 • 노화 피부에 적용	• 신 포도에서 추출 • 신진대사 촉진 • 노화 피부에 적용	• 감귤류에서 추출 • 비타민 C & 바이오 플라보노이드 함유

④ 고마쥐Gommage

동·식물성 단백질 분해 효소크림 타입 제품를 함유하고 있으며, 제품의 특성상 고무 필름막이 형성된다. 피부에 도포한 제품이 적당히 마르면, 관리사가 인위적으로 피부결을 따라 밀어냄으로써 피부표면의 죽은 각질들을 탈락시킨다.

거의 모든 피부 타입에 사용하고 있으며 노화 피부 및 예민성 피부에는 사용을 자제한다.

(2) 딥클렌징의 효과

① 불필요한 각질제거, 모낭내 피지 배출

② 유효성분 흡수용이

③ 혈액순환 촉진

3. 기기·기구를 활용한 얼굴 딥클렌징하기

(1) 전동 브러시Brushing machine, Frimator를 활용한 딥클렌징

평면이 아닌 입체적 얼굴 및 피부 표면 상태를 고려하여 브러시를 활용하고, 기기의 회전수를 이용해 피부표면의 죽은 각질들을 제거하는 목적으로 사용되고 있으며, 클렌징과 딥클렌징 단계에서 사용 가능한 기기이다.

1) 회전 브러시의 재질에 따른 분류

① **스펀지** : 클렌징 시 사용

② **염소털** : 약한 피부 부위에 사용 얼굴, 가슴관리

③ **돼지털** : 무릎, 발바닥 등의 딥클렌징용으로 사용

④ **돌** : 발 뒷꿈치 등의 거친 부위에 사용

2) 사용방법

① 데콜테 → 턱 → 볼 → 입 주위 → 코 → 이마 순서로 관리

② 얼굴 클렌징 후, 온습포 또는 스티머를 활용하여 각질을 연화한다.

③ 붓을 이용하여 클렌징 로션을 시술 부위에 도포한다.

④ 부위에 맞는 브러시 선택한다.

⑤ 브러시는 물에 가볍게 적신 후, 남은 물기는 티슈에 가볍게 눌러 제거한다.

⑥ 관리사의 팔 안쪽에서 브러시의 회전 속도를 먼저 조절하며 적용한 후, 고객에게 어떤 느낌으로 진행되는지 설명하고 고객의 어깨 부위에 회전속도를 확인시킨 후, 관리를 시작한다.

⑦ 브러시를 피부에 가볍게 닿도록 하여 피부에 무리한 자극없이 관리를 한 후, 해면 → 온습포 → 토너 정리로 마무리한다.

3) 사용 시 주의사항

① 헤어라인의 경우, 머리카락이 엉키지 않도록 주의한다.

② 관리 중 브러시를 교체할 경우 반드시 전원을 끄고 교체 후, 다시 전원을 켠다.

③ 적용 부위에 따라 강도와 회전속도, 방향을 적절히 사용한다.

④ **비적용증** : 예민성 피부, 모세혈관 확장 피부, 면도 직후, 딥클렌징 후, 심한 여드름 피부, 염증, 피부질환이 있는 피부 등은 주의한다.

4) 사용 후, 기기관리

중성 세제를 이용하여 깨끗이 세척하고 물기를 털어낸 다음, 자외선 소독기에 넣어서 건조시킨다. 이때 브러시 부분은 바닥에 닿지 않게 뒤집어 두어 털이 휘어지지 않도록 한다.

(2) 전기세정Disincrustation을 활용한 딥클렌징

직류를 이용한 기기갈바닉 기기로, 한 방향으로 극성을 띤다. 직류가 통과할 때 화학적 작용을 이용하여 피부의 죽은 각질을 연화하고, 피지를 배출시키는 목적으로 사용되고 있는 기기이다.

주로 여드름 피부, 지성 피부와 같이 과다 피지분비에 적용하면 효과적이다.

1) 사용방법

① 얼굴 클렌징을 한다.

② 전극봉에 거즈나 젖은 화장솜 또는 해면을 감싼 뒤, 고객의 손으로 잡거나 집게로 손목 등에 부착시킨다.

③ 1차 전극봉에 젖은 화장솜을 감싼 후, 전용 앰플을 피부에 도포한다.

④ 고객의 이마에 전극봉을 댄 상태로 전원을 켠 다음, 서서히 전류의 강도를 조절하며 음극-을 이용하여 관리한다.

⑤ 전극봉의 화장솜을 교체하고, 정제수를 피부에 도포한다. 이번엔 양극+을 이용하여 관리한다. 음극-을 이용한 모공의 이완된 부분을 수축시키는 효과가 있다.

⑥ 피부유형에 맞는 토너 정리로 마무리 한다.

2) 사용 시 주의사항

① 고객은 모든 액세서리 등의 금속을 제거한 후에 관리를 받는다.

② 관리 전, 화장솜에 감기지 않아 노출된 전극봉의 금속 부분이 있는지를 확인한다.

③ 관리 중에는 전극봉이 피부 표면에서 떨어지지 않도록 주의한다.

④ 관리가 끝나면 전류를 서서히 줄이며, 전원을 끄고 난 후 피부에서 전극봉을 제거한다.

⑤ **비적용증** : 전기에 과민한 사람, 모세혈관 확장 피부, 심한 여드름, 임산부, 일광화상, 피부염, 당뇨병, 간질, 고협압, 금속이식 수술자 등은 주의한다.

3) 사용 후, 기기관리

전원이 꺼진 상태를 확인한 후, 알코올이 묻은 화장솜을 이용하여 전극봉 부위를 소독한다. 기기 또는 부속품들을 건조시킨 후, 습기가 없고 직사광선이 없는 곳에 커버를 씌워 보관한다.

(3) 스킨 스크러버Skin scrubber 초음파를 활용한 딥클렌징

1초 동안 28,000회의 초음파 진동으로 죽은 각질 제거, 모공의 피지 배출 목적으로 사용되고 있는 기기이다.

스킨 스크러버는 기계적 에너지를 사용하여 초음파 진동이 피부에 전달되므로 문제성 피부의 개선에 효과를 나타낸다.

1) 사용방법

① 얼굴 클렌징을 한다.

② 스킨 스케일링Skin scaling 단계로, 정제수나 미네랄 워터를 화장솜에 적셔 관리할 부위에 도포하면서 얼굴에 기기를 적용한다.

③ 기기의 세기는 피부 타입에 따라 조절하여 사용한다.

2) 사용 시 주의사항

① 한 부위에 5초 이상 머물지 않도록 계속 움직이며 관리한다.

② 뼈나 관절 부위에는 적용하지 않는다.

③ 예민한 부위에는 관리시간을 줄인다.

④ **비적용증** : 알레르기 피부, 상처, 심한 여드름, 임산부, 신체에 금속을 삽입한 자 등은 주의한다.

3) 사용 후, 기기관리

전극 헤드는 금속면을 가볍게 티슈로 닦고나서 알코올 화장솜을 이용하여 소독하여 건조시킨 후, 습기가 없고 직사광선이 없는 곳에 커버를 씌워 기기를 보관한다.

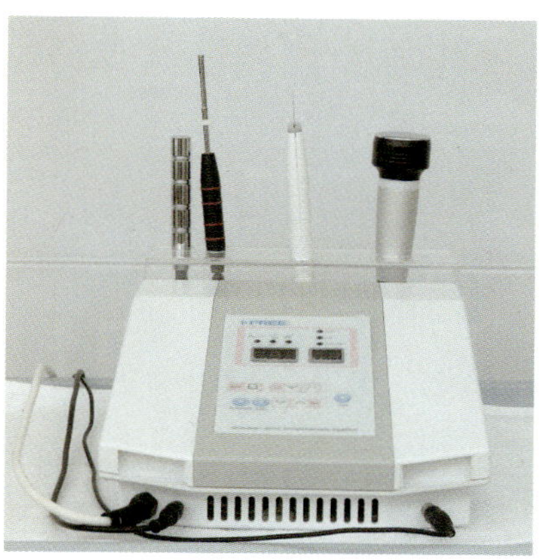

전기세정 및 스킨 스크러버 기기

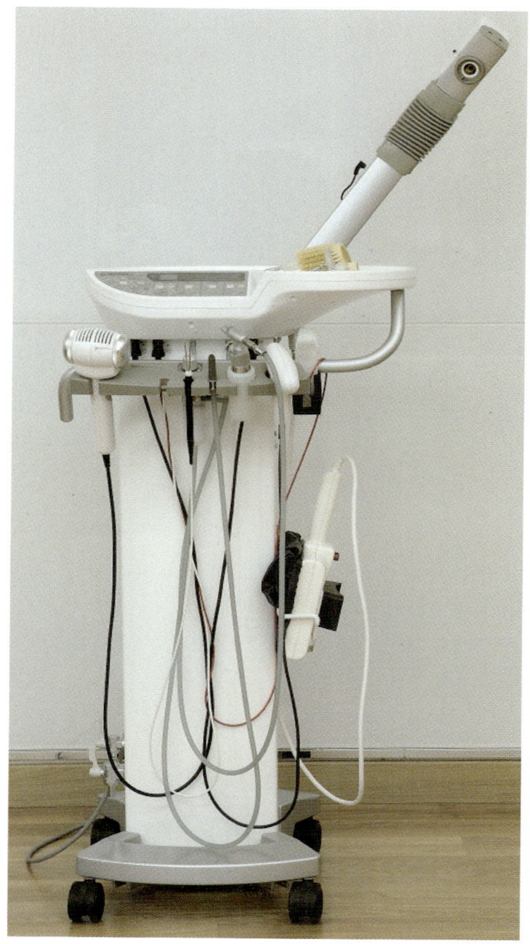

종합 미용기기

4. 딥클렌징하기 실전

딥클렌징 시, 피부 조직 및 피부의 장벽이 손상되지 않는 범위 내에서 주의하여 관리한다.

(1) 효소Enzyme 사용하기

1) 사용방법

① **준비물** : 효소 제품, 유리볼, 물, 브러시, 젖은 화장솜, 소독용 알코올, 해면, 온습포, 피부 유형별 토너

② **관리순서** : 손소독 → 효소 제품 준비 → 제품 도포 → 시간경과 후, 제거

2) 주의사항

① 두 눈과 입, 코에 들어가지 않도록 주의할 것.

② 필요한 적정 온도와 습도 유지

① 손 소독하기

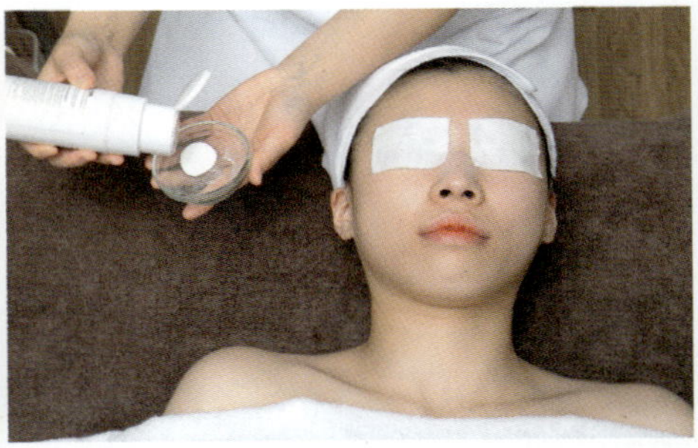

② 효소 준비하기 1

③ 효소 준비하기 2

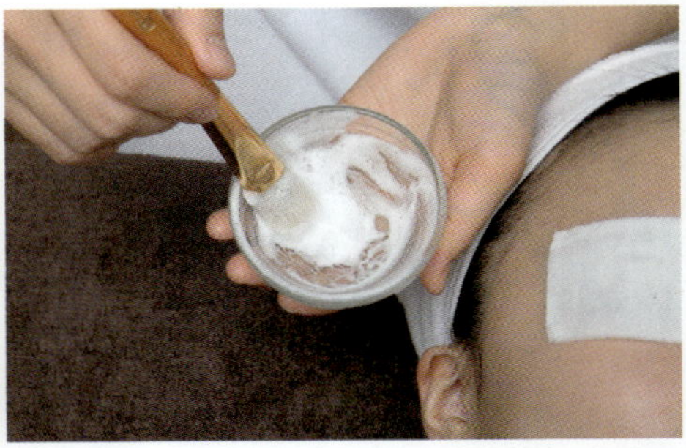

④ 효소 준비하기 3

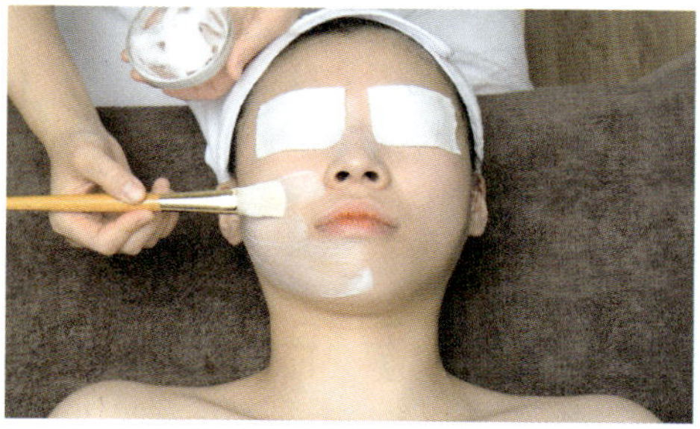

⑤ 효소 도포하기 1

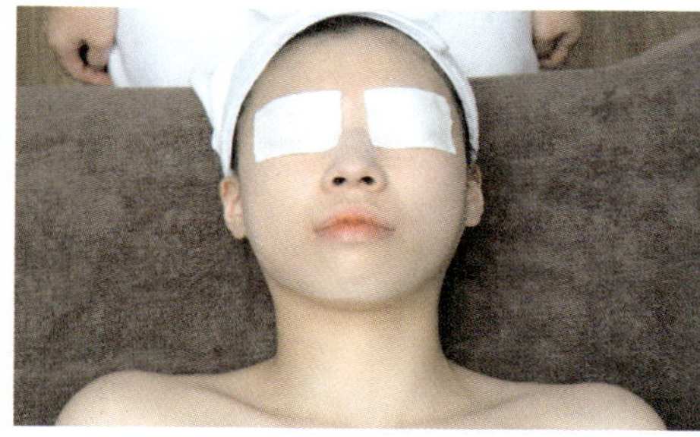

⑥ 효소 도포하기 2

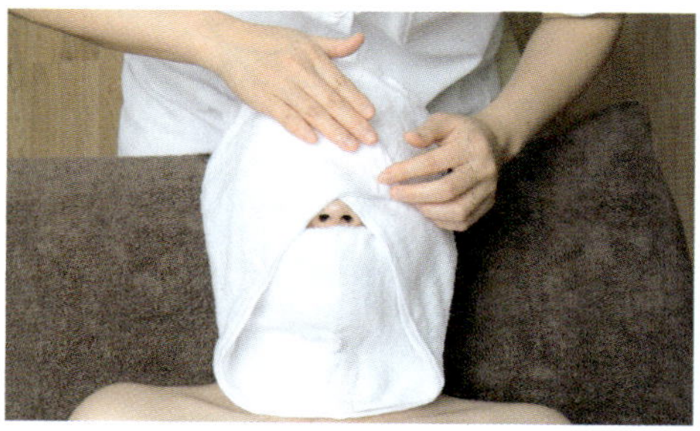

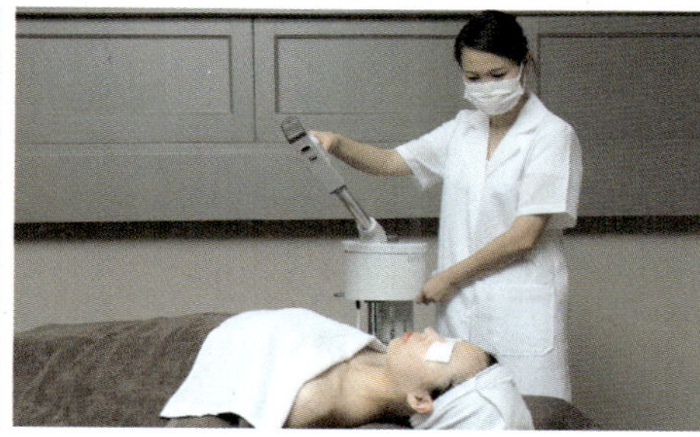

⑦ 온습포 또는 스티머를 이용하여 일정한 습도와 온도를 유지한다.

⑧ 해면 사용하기

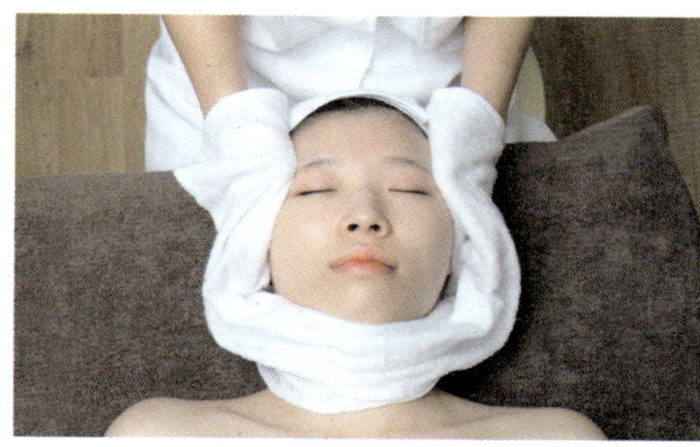

⑨ 온습포 사용하기

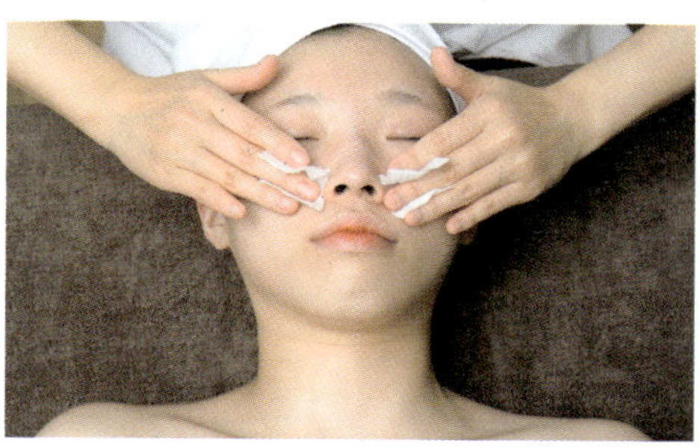

⑩ 토너 정리하기

(2) 스크럽Scrub 사용하기

1) 사용방법

① **준비물** : 스크럽 제품, 유리볼, 물, 브러시, 젖은 화장솜, 소독용 알코올, 해면, 온습포, 피부 유형별 토너

② **관리순서** : 손 소독 → 스크럽 제품 준비 → 제품 도포 → 시간경과 후, 제거

2) 주의사항

① 지나친 자극은 주의

② 두 눈과 입, 코에 들어가지 않도록 주의할 것.

① 손 소독하기

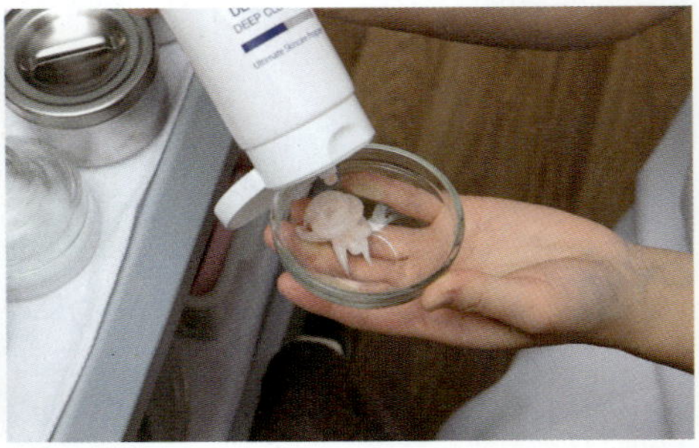

② 스크럽 준비하기

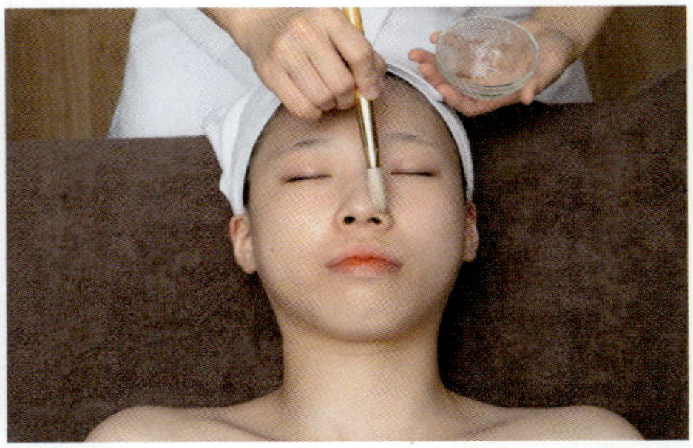

③ 스크럽 도포하기

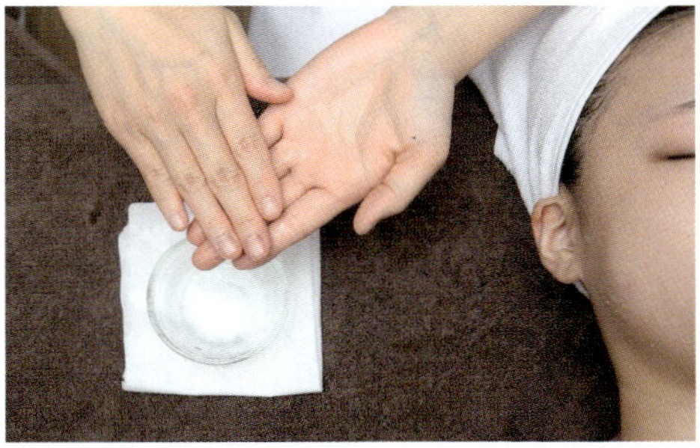

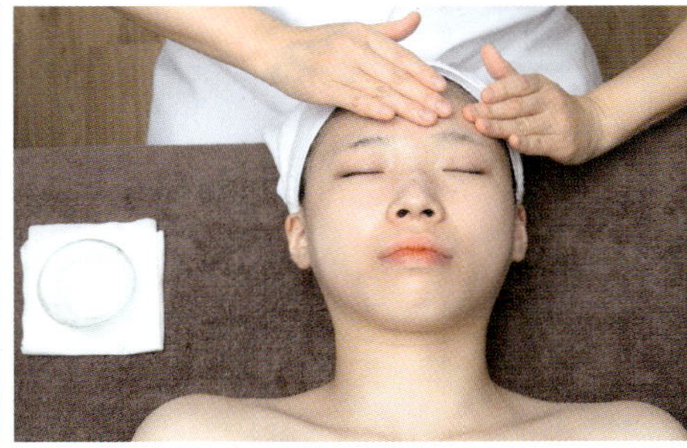

④ 손 끝에 물을 적셔 가볍게 문지르기

⑤ 해면 사용하기

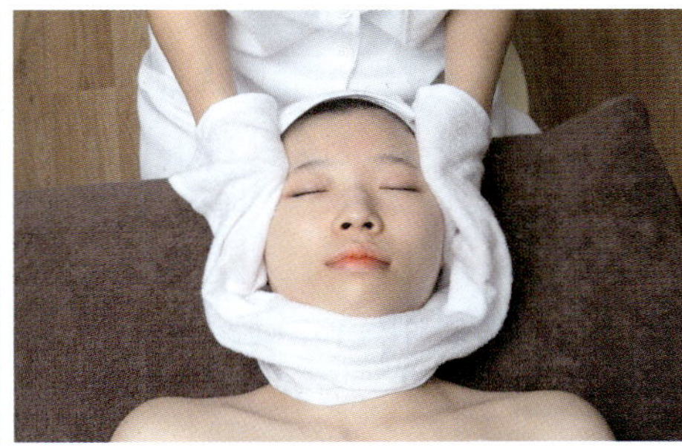

⑥ 온습포 사용하기

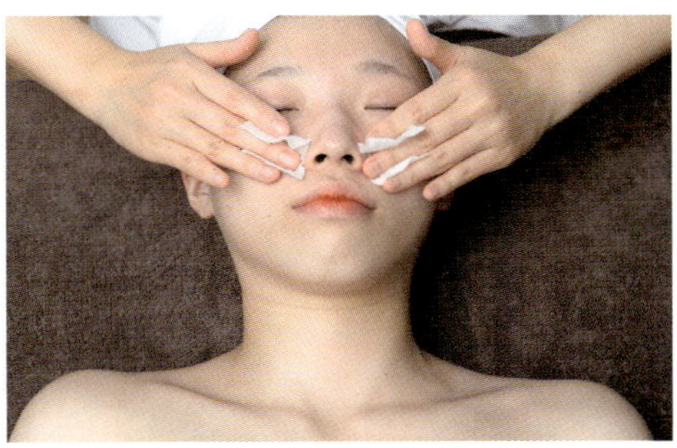

⑦ 토너 정리하기

(3) 아하AHA, Alpha Hydroxy Acid 사용하기

1) 사용방법

① **준비물** : 아하 제품, 유리볼, 브러시, 젖은 화장솜, 소독용 알코올, 해면, 냉습포, 피부 유형별 토너

② **관리순서** : 손 소독 → 아하 제품 준비 → 제품 도포 → 시간경과 후, 제거

2) 주의사항

① 현재 국가기술자격 과정의 미용사(피부)에서 사용하는 농도는 10% 이하 사용

② 두 눈과 입, 코에 들어가지 않도록 주의할 것.

③ 냉습포를 사용, 일시적 진정 효과

① 손 소독하기

② 아하 준비하기

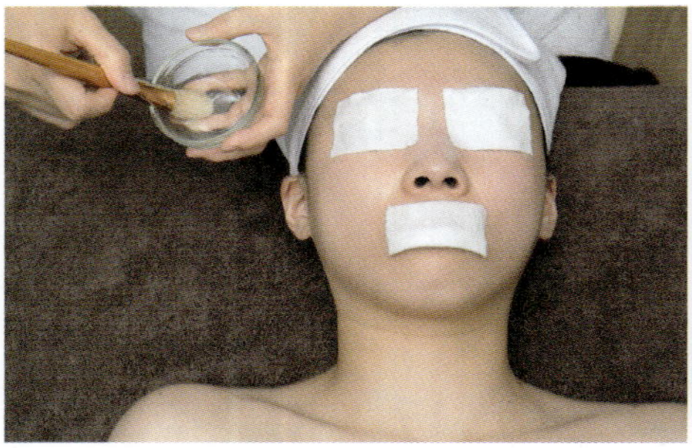

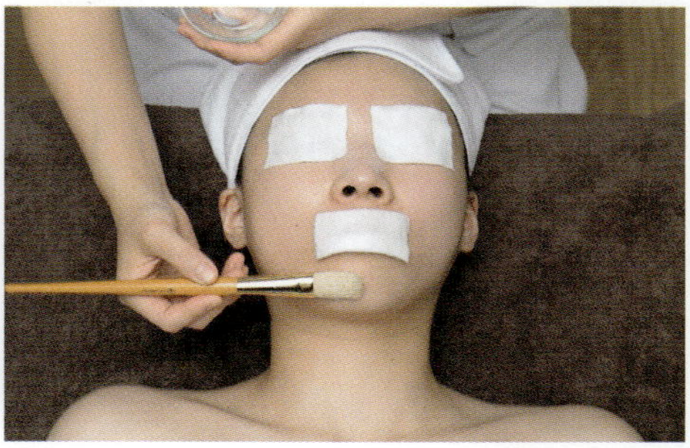

③ 아하 도포하기 1

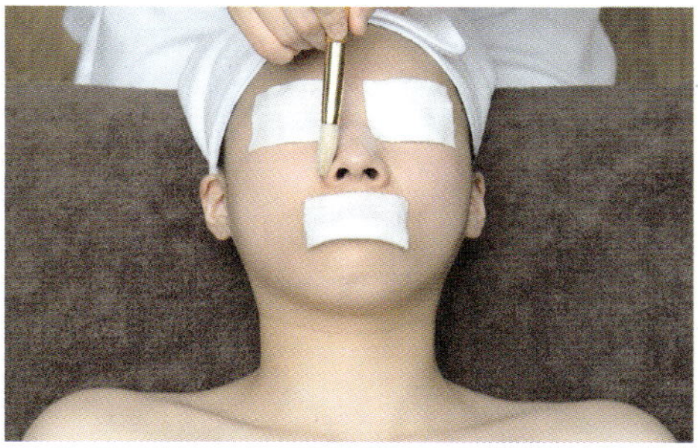

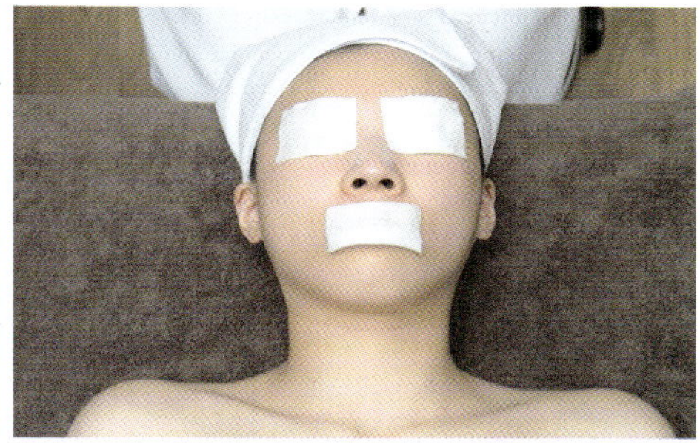

④ 아하 도포하기 2

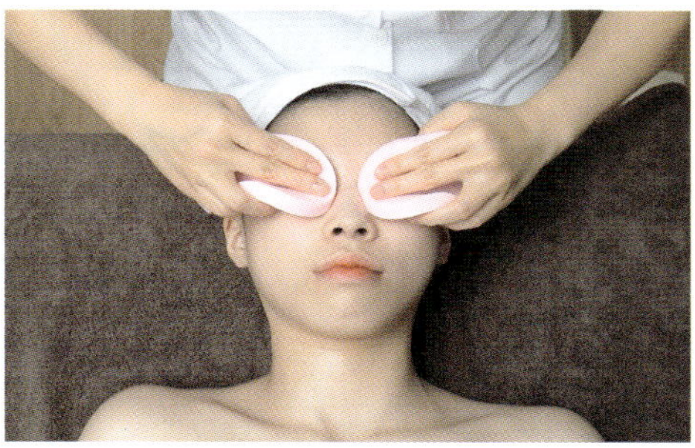

⑤ 해면 사용하기

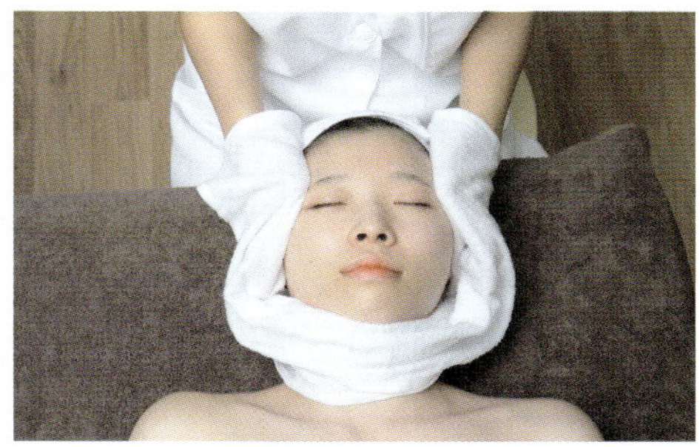

⑥ 냉습포 사용하기

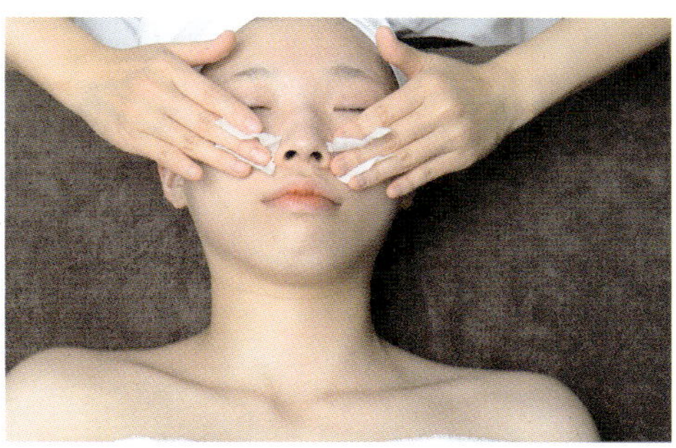

⑦ 토너 정리하기

(4) 고마쥐Gommage 사용하기

1) 사용방법

① **준비물** : 고마쥐 제품, 유리볼, 물, 브러시, 젖은 화장솜, 소독용 알코올, 미용 티슈, 해면, 온습포, 피부 유형별 토너

② **관리순서** : 손 소독 → 고마쥐 제품 준비 → 제품 도포 → 시간 경과 후, 제거

2) 주의사항

① 두 눈과 입, 코에 들어가지 않도록 주의할 것.

① 손 소독하기

② 고마쥐 준비하기

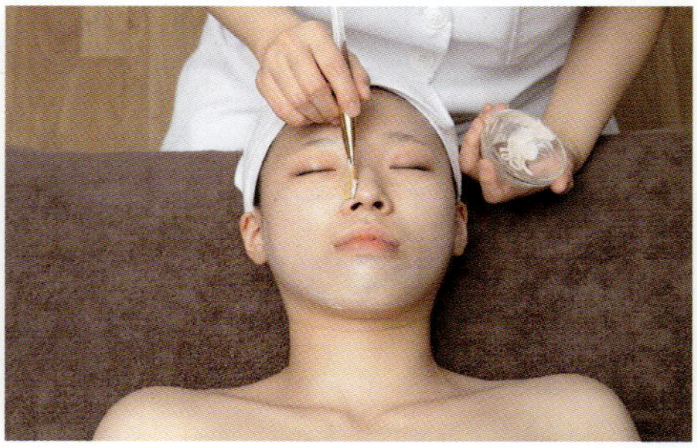

③ 고마쥐 도포하기 1

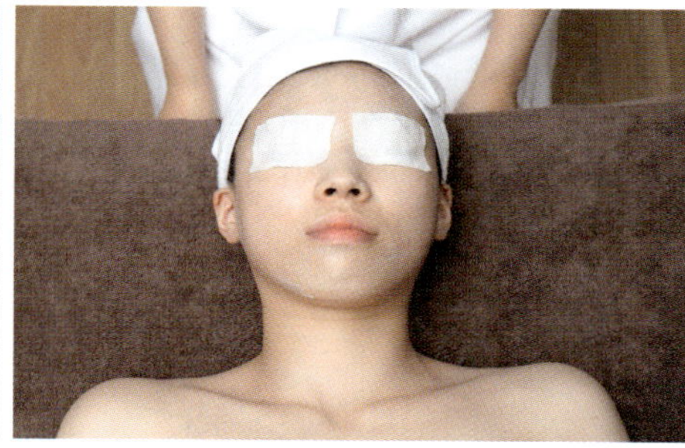

④ 고마쥐 도포하기 2

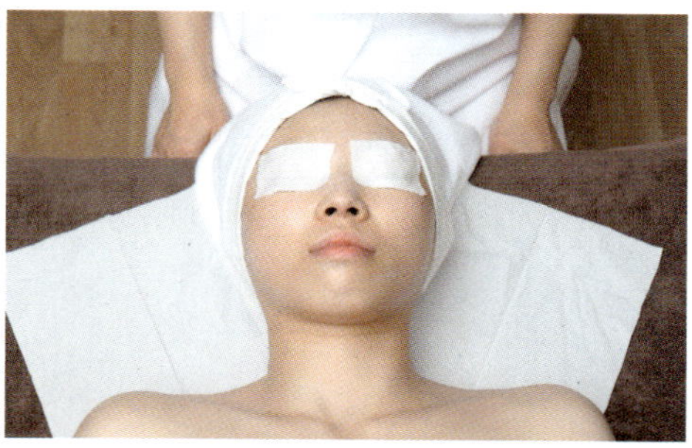

⑤ 전처리 준비하기

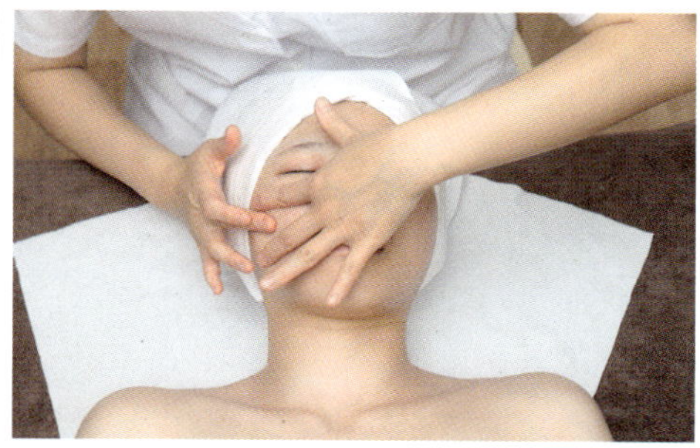

⑥ 밀어내듯 문질러 제거하기 1

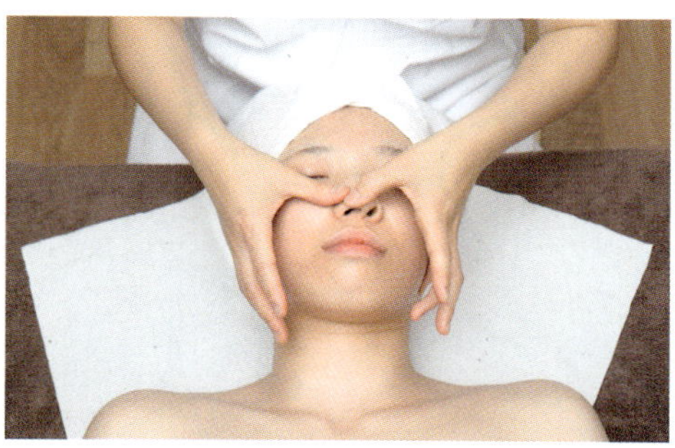

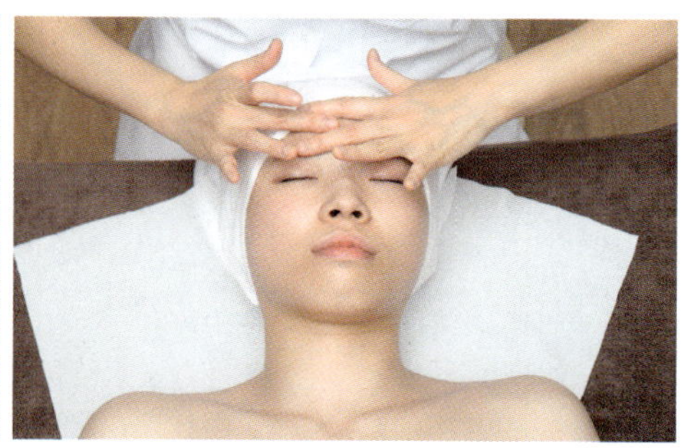

⑦ 밀어내듯 문질러 제거하기 2

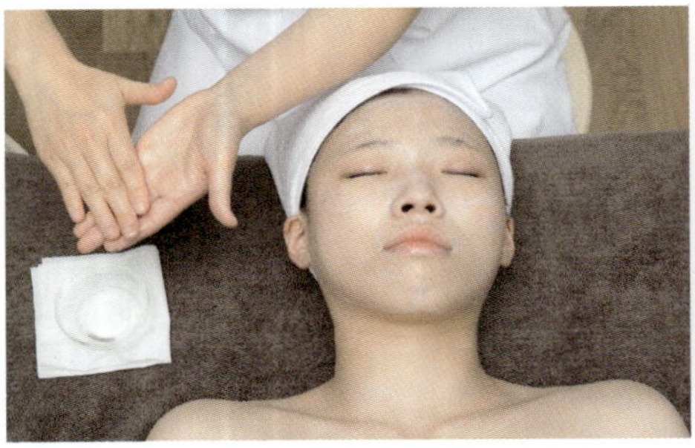

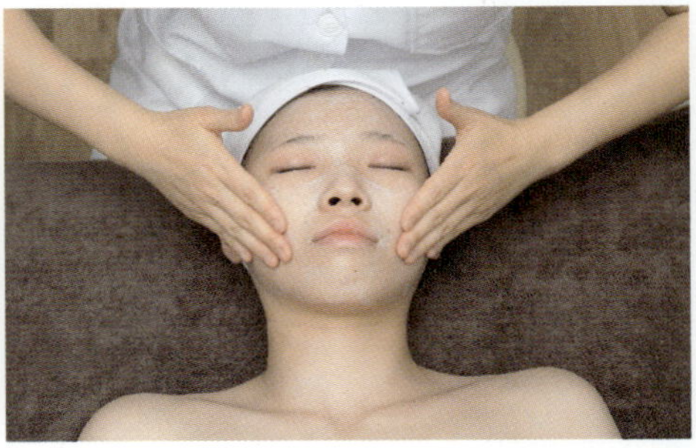

⑧ 손 끝에 물을 적셔서 가볍게 문지르기 1

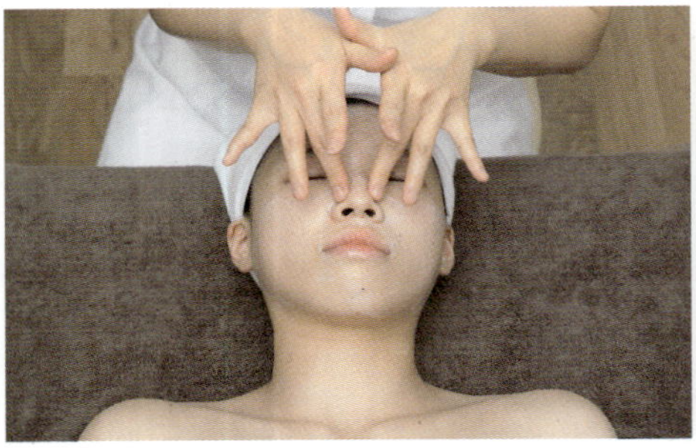

⑨ 손 끝에 물을 적셔서 가볍게 문지르기 2

⑩ 해면 사용하기

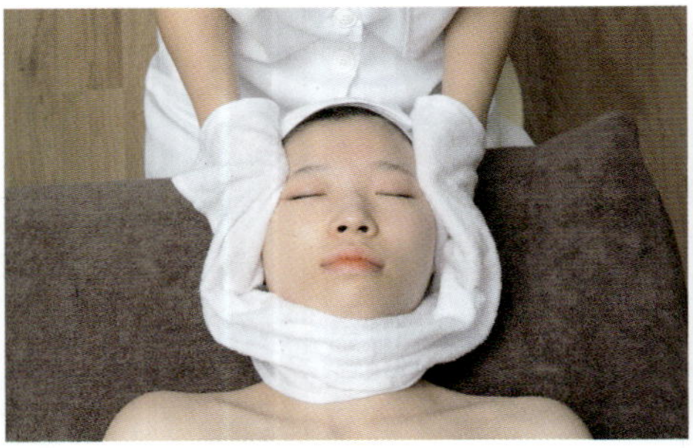

⑪ 온습포 사용하기

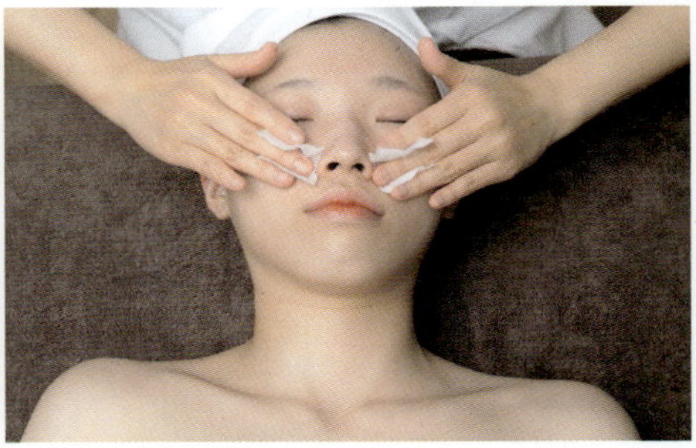

⑫ 토너 정리하기

얼굴 딥클렌징하기

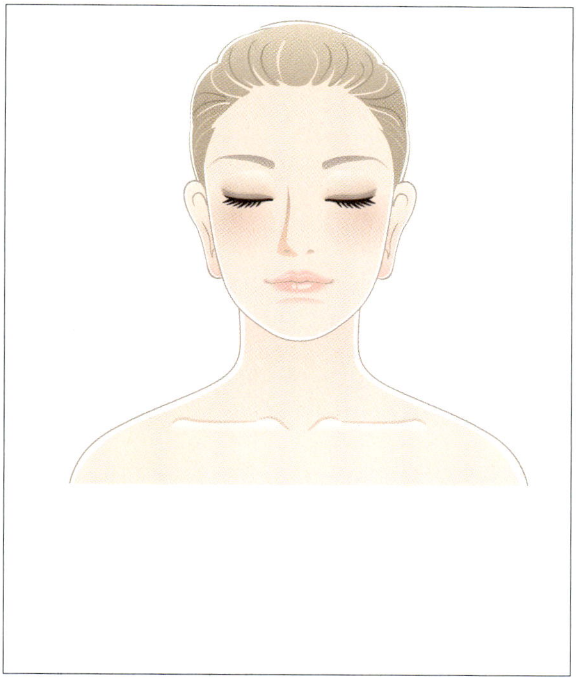

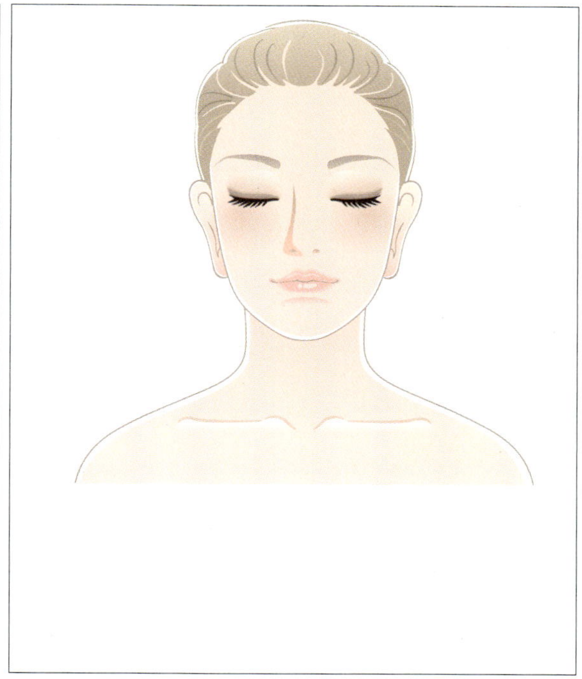

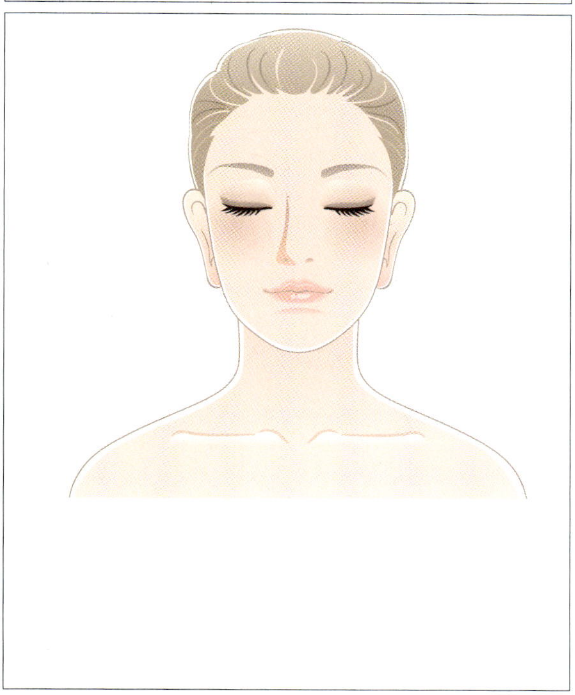

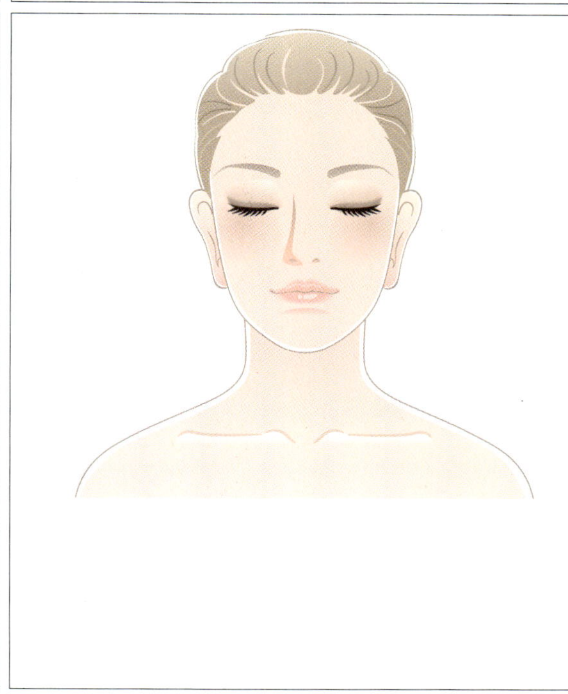

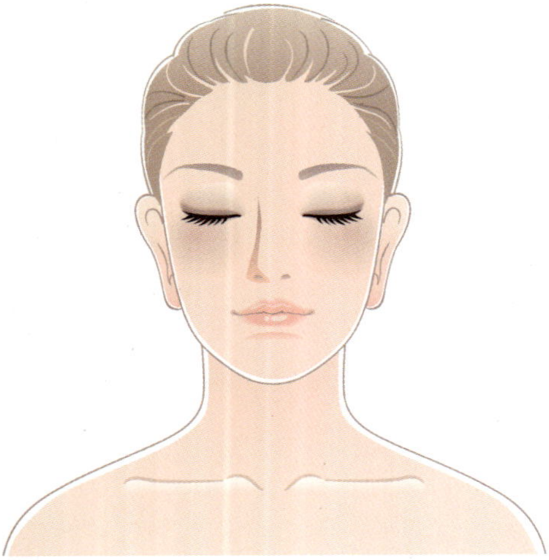

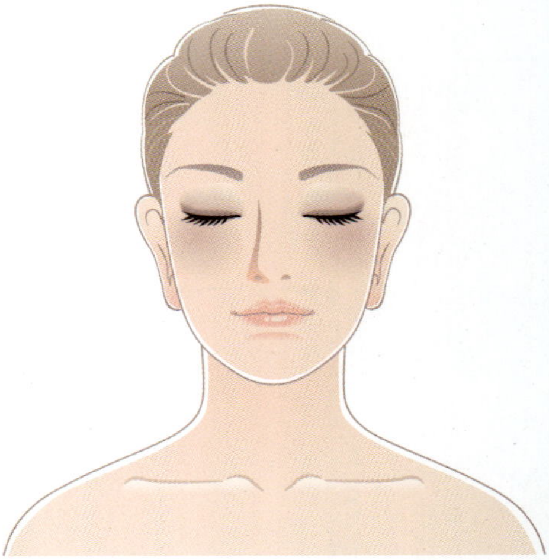

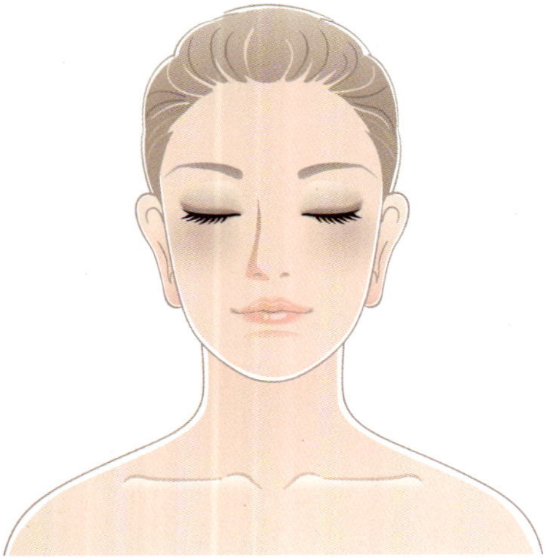

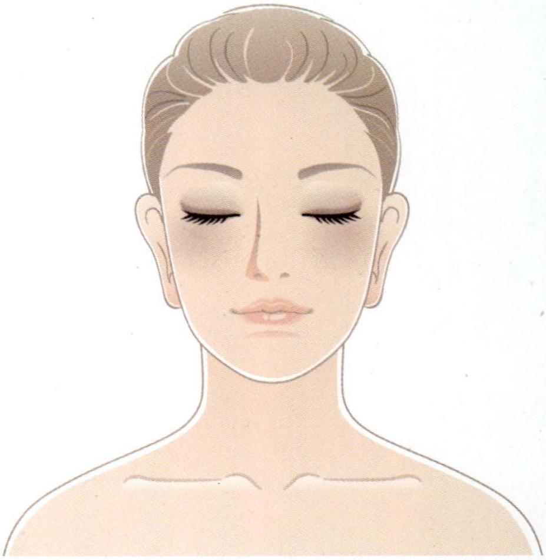

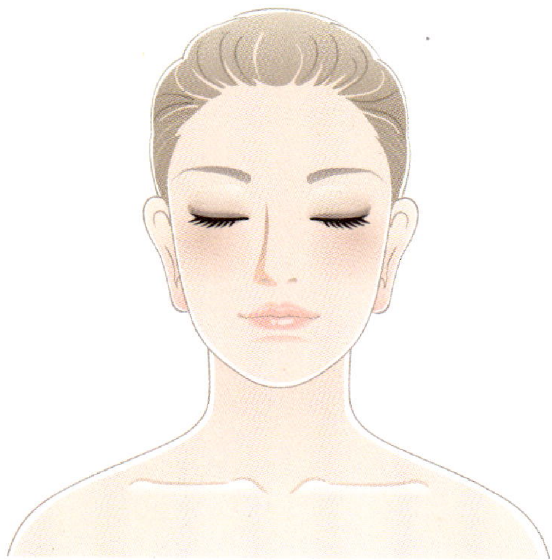

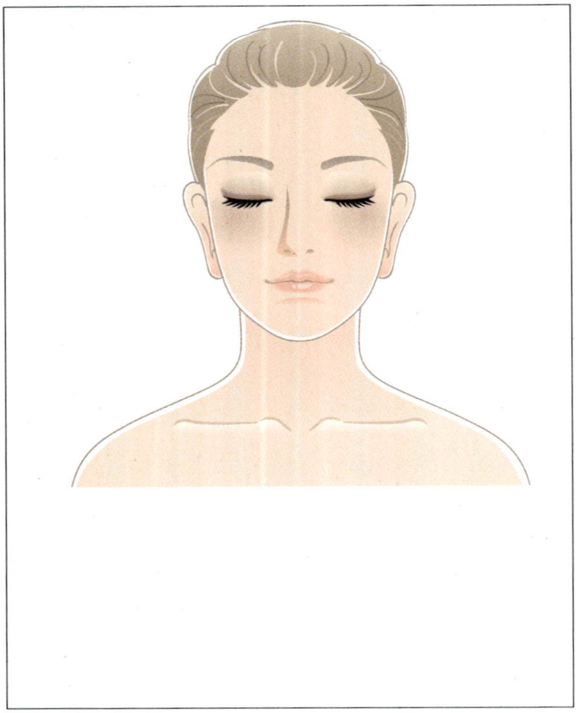

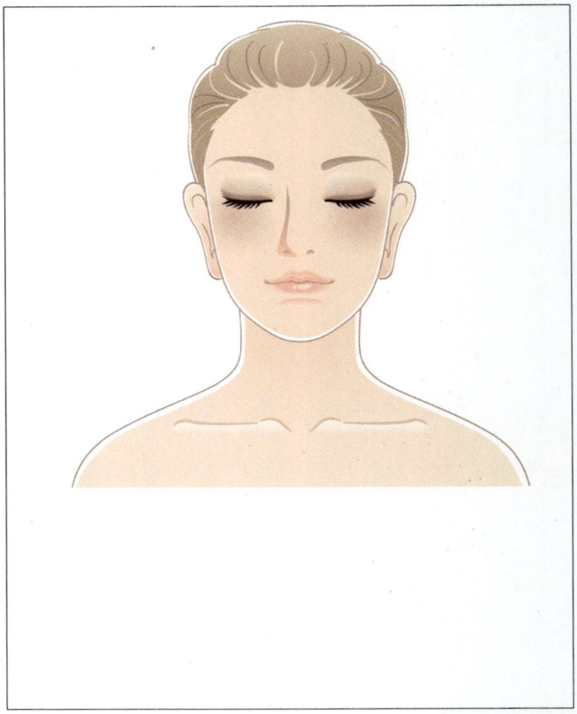

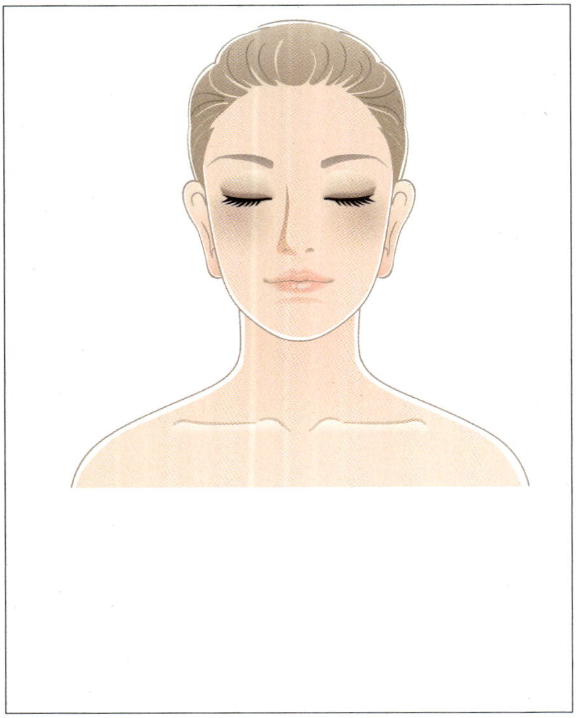

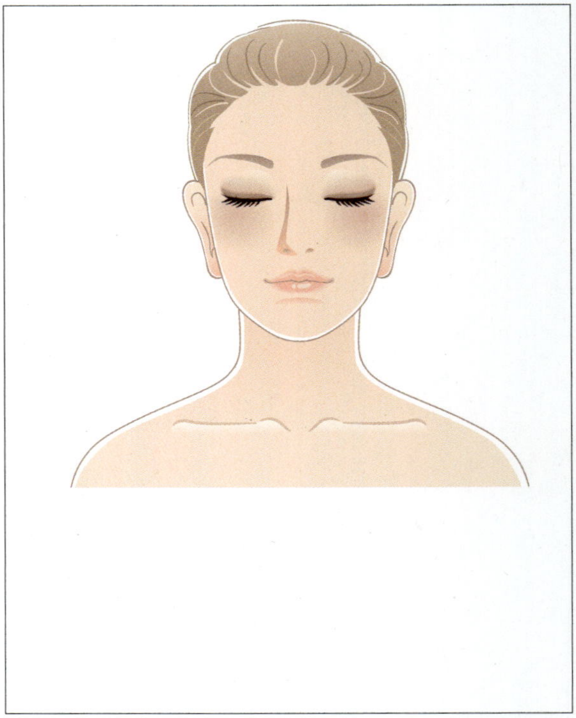

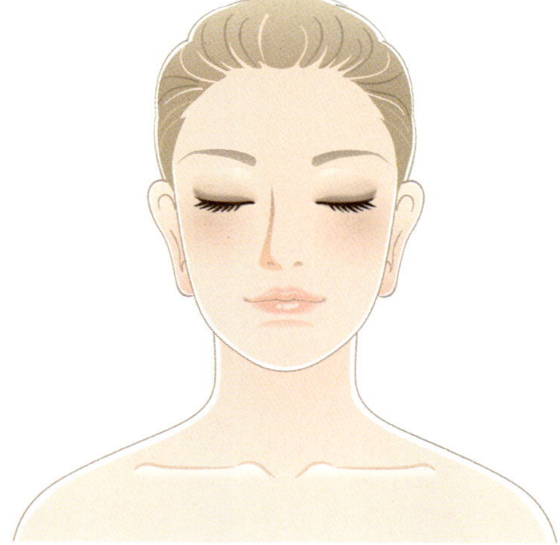

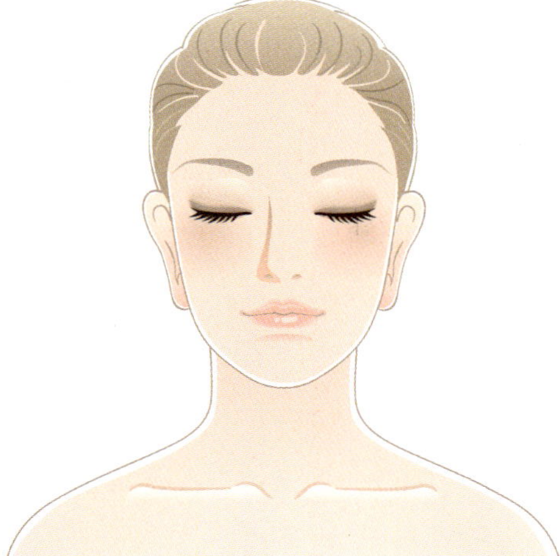

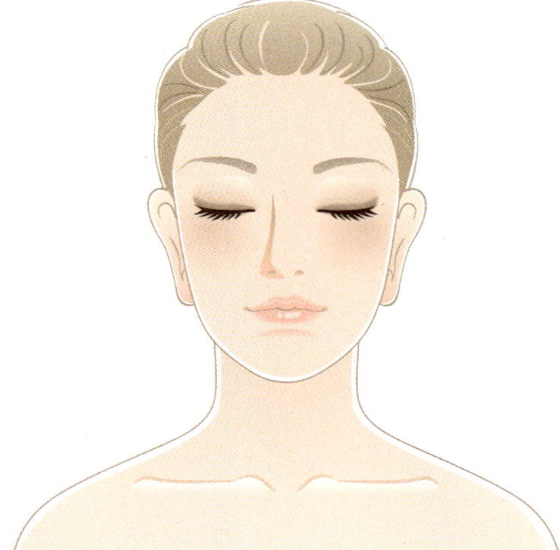

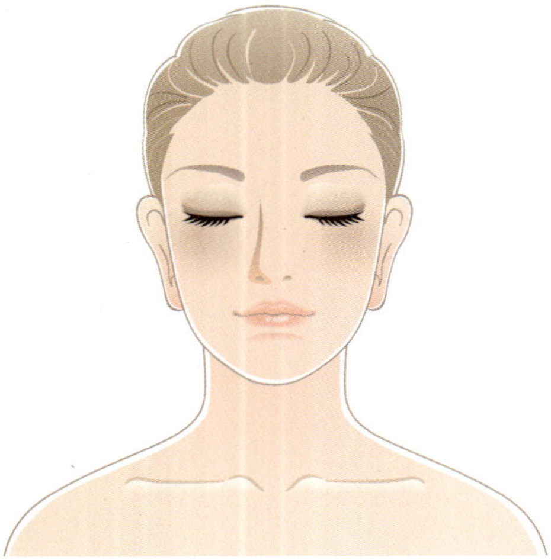
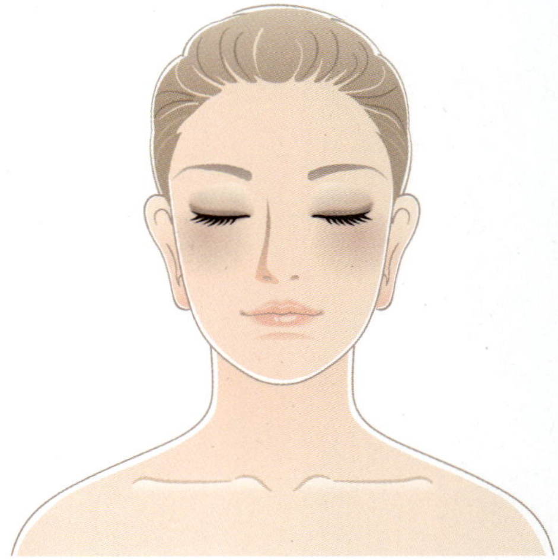
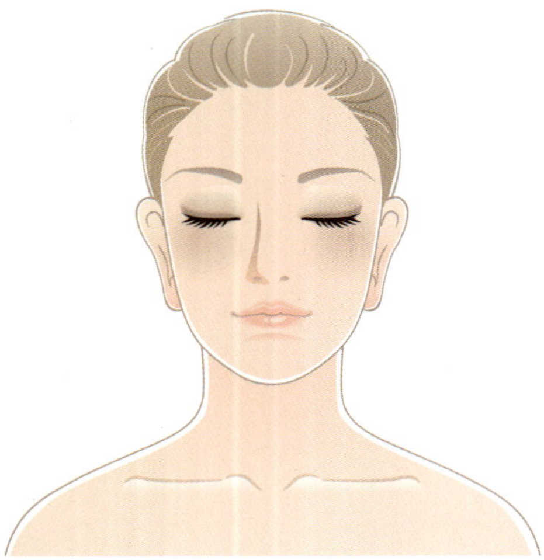
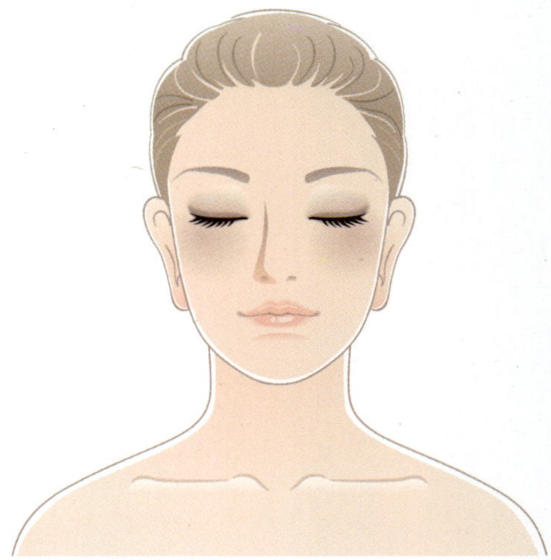

Chapter 6
피부미용 눈썹 미용관리

1. 눈썹 정리하기
2. 눈썹 염색하기

Chapter 6 피부미용 눈썹 미용관리

눈썹 미용관리를 위해 눈썹 정리도구와 염색약을 위생적으로 준비·소독하고, 얼굴형에 맞는 눈썹의 형태를 정리·진정 관리하며, 고객의 요청에 따라 눈썹을 염색하는 작업이다.

1. 눈썹 정리하기

고객이 눈썹 정리를 원할 때, 관리사가 고객의 눈썹 형태와 취향, 얼굴 형태에 맞게 눈썹을 정리한다. 눈썹 정리하기는 가장 자유롭게 얼굴의 인상을 변화시킬 수 있는 방법이다.

1. 위생과 소독방법

관리 전, 시술 도구 소독 및 시술부위 소독, 시술자 손을 소독용 알코올을 이용하여 철저히 소독한다.

2. 도구의 안전한 사용방법

(1) 눈썹 브러시

눈썹 정리에 사용할 수 있게 깨끗한 브러시를 준비한다.
눈썹을 빗어줄 때 사용한다.

(2) 눈썹 가위

얼굴 형태에 맞는 눈썹을 정리할 때 사용한다.

눈썹 가위 끝이 휘지 않았는지, 눈썹 정리에 적절한지 고려하여 준비한다.

(3) 눈썹 족집게

얼굴 형태에 맞는 눈썹을 정리할 때 사용한다.
짧은 눈썹을 정리할 수 있으며 눈썹 털을 뽑을 때 사용한다.

(4) 눈썹 칼

얼굴 형태에 맞는 눈썹을 정리할 때 사용한다. 녹슬지 않고 위생적으로 사용할 수 있는 눈썹 칼을 준비한다.

3. 얼굴형과 어울리는 눈썹의 형태

얼굴형을 파악하여 눈썹의 형태를 잡는다.

표준형	직선형(수평형)	아치형
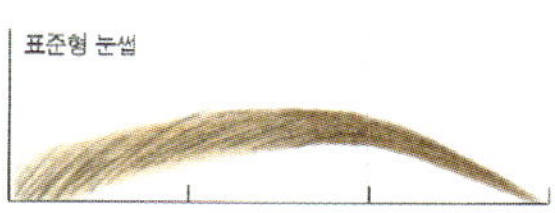		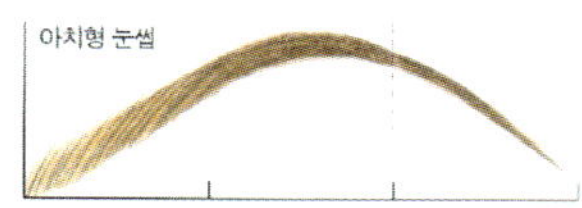
• 기본적인 눈썹 모양 • 모든 얼굴형	• 젊고 활동적인 눈썹 모양 • 긴 얼굴형, 폭이 좁은 얼굴형	• 매력적, 우아함, 여성적임 • 이마가 넓은 얼굴형
각진형	**상승형(화살형)**	**처진형**
		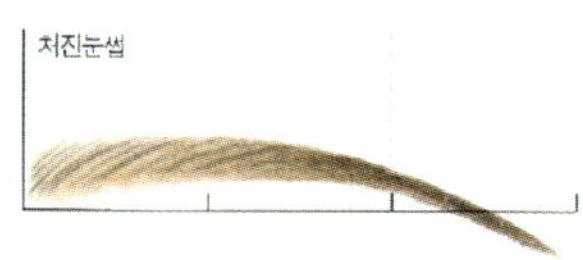
• 지적인 느낌, 단정하고 세련됨 • 둥근 얼굴형, 얼굴 길이가 짧은 사람.	• 동적임, 야성적임 • 둥근 얼굴형, 개성없는 얼굴형	• 귀여운 느낌 • 슬픈 인상을 주는 느낌

그림 6-1 눈썹 형태에 따른 특징

4. 눈썹정리하기 실전

(1) 준비물

눈썹 브러시, 눈썹 가위, 눈썹 족집게, 눈썹 칼, 소독용 알코올, 진정 겔, 미용티슈, 젖은 화장솜

(2) 관리순서

관리사 손 소독 → 도구 소독 및 세팅 → 관리부위 눈썹 소독 → 눈썹 브러시, 눈썹 가위 사용 → 눈썹 족집게 사용 → 눈썹 칼 사용 → 관리부위 진정시키기

(3) 주의사항

① 고객의 취향을 고려해 눈썹의 형태를 결정한다.

② 눈썹 정리 후, 눈두덩이 부위를 깨끗이 정리한다.

③ 족집게 사용 시, 눈썹 털이 자라난 방향으로 제거한다.

④ 털을 뽑을 때는 텐션tension을 유지하여 신속하게 뽑는다.

⑤ 눈썹 부위에 염증, 알레르기, 상처가 있는 경우는 정리를 하지 않는다.

① 손 소독하기

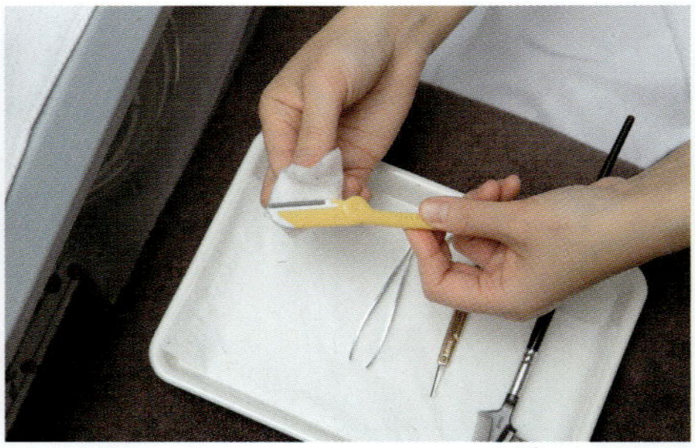

② 눈썹 정리도구 소독하기

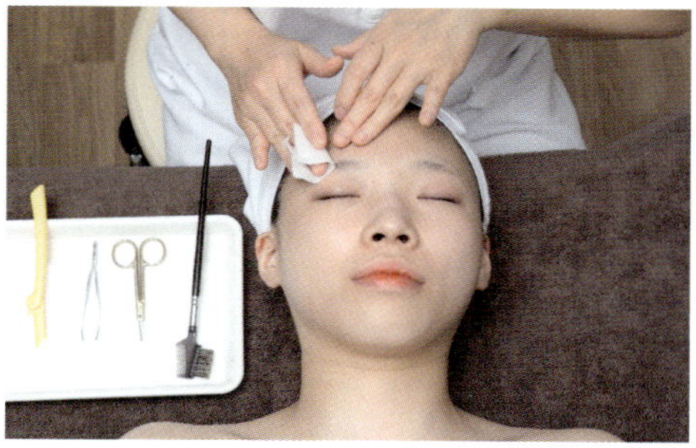

③ 눈썹 부위 소독하기

④ 눈썹 가위, 브러시 사용하기

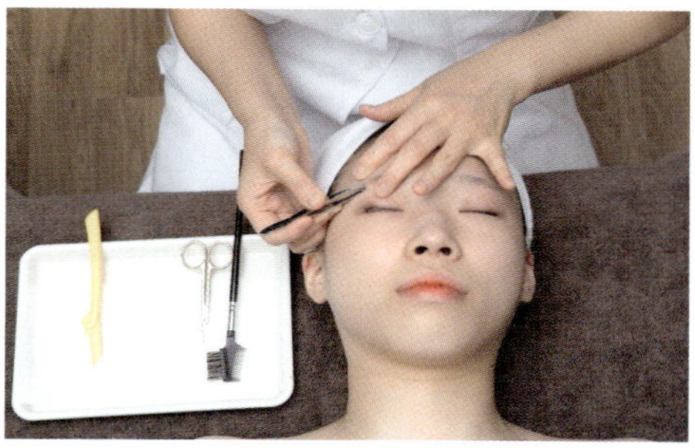

⑤ 족집게 사용하기

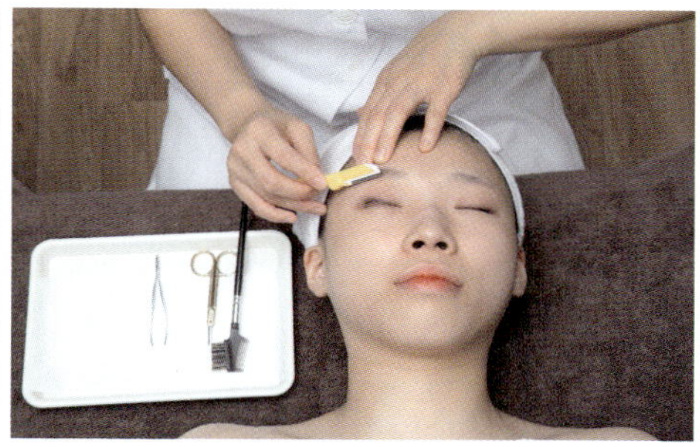

⑥ 눈썹 칼 사용하기

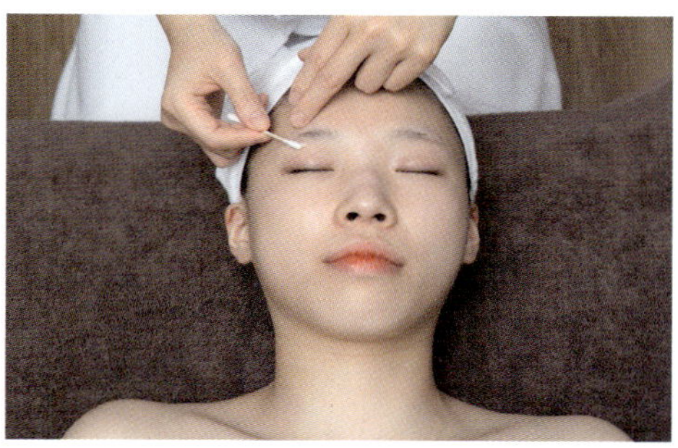

⑦ 진정겔 도포하기

Check Point

눈썹(아이브로우 : Eyebrow) 측정하기

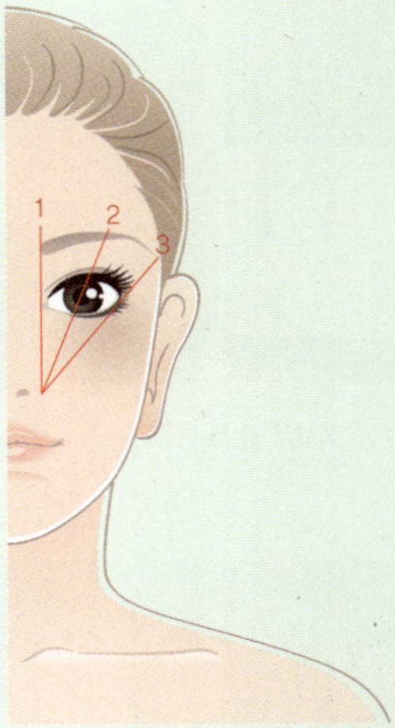

- 눈썹 브러시의 막대 부분을 이용하여 코끝 옆 지점과 눈썹 앞머리 지점을 맞춘다. 이 부분은 눈썹이 시작되는 기준점이 된다.
- 코끝 옆 지점에서 눈의 바깥 끝나는 지점을 맞춘다. 이 부분은 눈썹이 끝나는 기준점이 된다.
- 고객에게 정면을 응시하도록 한 후, 코끝 옆 지점에서 눈동자와 일직선이 되는 지점이 눈썹산의 기준점이 된다.
- 측정 시 아이펜슬로 지점을 표시하여 정확한 형태를 잡는다.

2. 눈썹 염색하기

모발의 염색과 탈색, 눈의 컬러렌즈, 치아의 미백, 피부의 미백관리와 태닝tanning, 그리고 눈썹과 속눈썹에서도 색채가 응용되고 있다. 서양에서는 눈썹 및 속눈썹 염색이 대중화되어 다양한 종류의 눈썹 및 속눈썹의 염색 제품이 사용되며 얼굴 및 이미지 변신에 적극 활용되고 있다. 현재 국내 시장에서는 모발의 색을 고려하여 주로 활용되는 색상은 검정색, 갈색, 군청색이 많이 사용되고 있다.

눈썹과 속눈썹의 염색은 4주에 한 번 정도로 시행하며, 반드시 인체에 해롭지 않은 염색제를 사용하여야 한다. 눈썹 염색은 모발색에 맞추어 하는데, 나이가 들어가며 옅어지는 눈썹을 보완하는 기능으로도 활용할 수 있다. 속눈썹 염색의 경우 길이의 변화는 없으나, 짙고 깊은 눈매를 연출할 수 있다.

1. 위생과 소독방법

관리 전, 시술 도구 및 시술자의 손을 소독용 알코올로 철저히 소독한다.

2. 도구의 안전한 사용방법

도구는 반드시 1회용으로 사용하고 재사용을 하지 않는다.

염색약의 성분 Check Point

① **제1액** : 미네랄 오일Mineral oil, 세틸 알코올Cetyl alcohol, 라놀린Lanolin, 파라핀 왁스 Paraffin wax, 페닐렌디아민Phenylenediamine 등…

② **제2액** : 세틸 알코올Cetyl alcohol, 과산화수소Hydrogen peroxide 3%, 나트륨Sodium, 물Water 등…

3. 눈썹 및 속눈썹 염색하기 실전

(1) 준비물

1회용 염색용 붓, 유리볼, 면봉, 젖은 화장솜, 바셀린, 눈썹 및 속눈썹 전용 염색약, 진정 겔, 가위, 미용 티슈

(2) 관리순서

관리사 손 소독 → 도구 소독 및 세팅 → 관리부위 염색약 골고루 바르기 → 염색약 제거하기 → 관리부위 토너 정리하기

① **염색시간** : 속눈썹 5~7분 , 눈썹 2~3분 적용

② **염색제 비율**은 (제1액 : 제2액) = (1 : 1) 적용

(3) 주의사항

① 염색 전, 반드시 패치 테스트 Patch test를 실시한다.

② 염색제가 피부에 닿지 않도록 주의한다.

③ 염색약은 깨끗이 닦아낸다.

④ **부적응증** : 틱 장애tic disorder, 렌즈 착용, 당뇨로 인한 안과 질환, 알레르기 피부염

패치 테스트(Patch test)란?

Check Point

화장품 및 염색 제품을 사용하기 전에 미리 피부의 반응을 통하여 안전하고 부작용 없이 적용할 수 있도록 하는 피부 반응 검사이다.

밀폐법, 개방법이 있으며 일반적으로 밀폐 첩포시험 방법을 이용하며 24시간 또는 48시간 동안 팔 안쪽, 귀 뒤쪽 등에 패치 테스트용 반창고를 붙여 사용한다.

1) 눈썹 염색하기

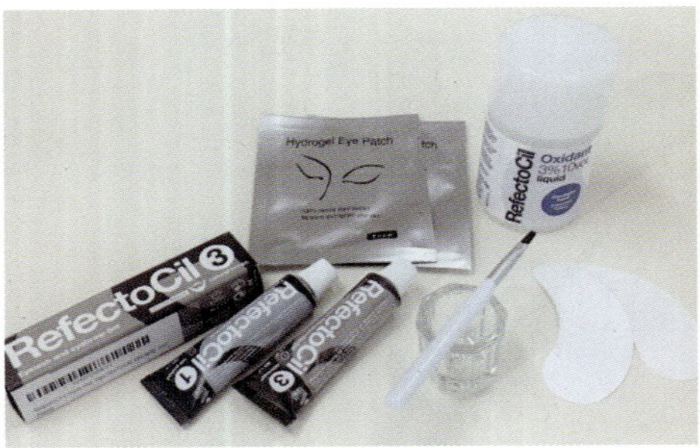

① 눈썹·속눈썹 염색 도구

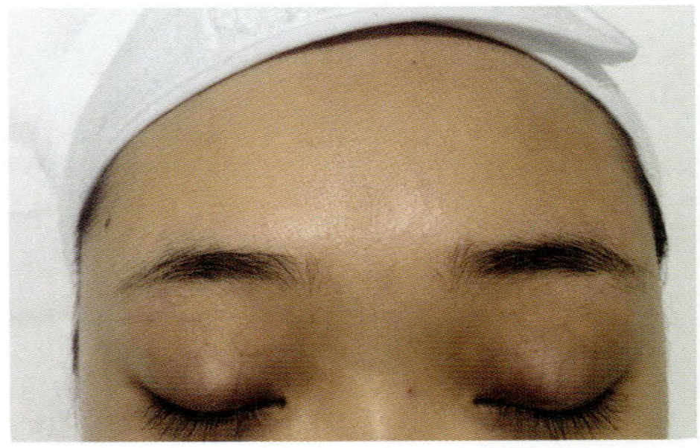

② 모델 준비하기

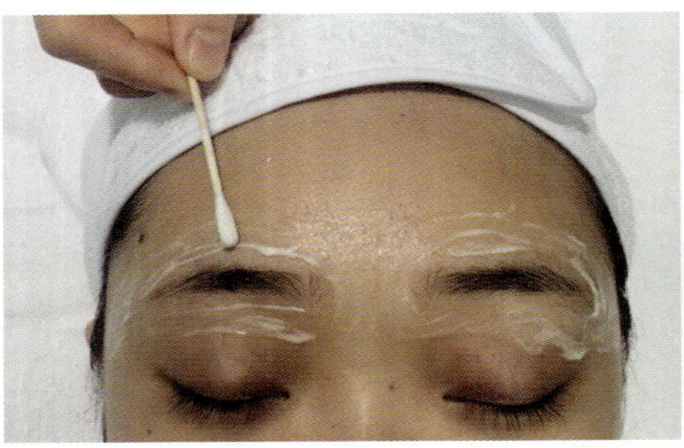

③ 눈썹 전처리 과정

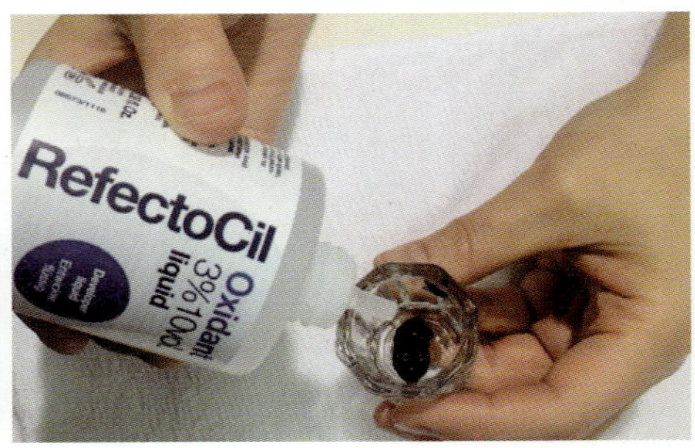

④ 제1제와 제2제 준비하기

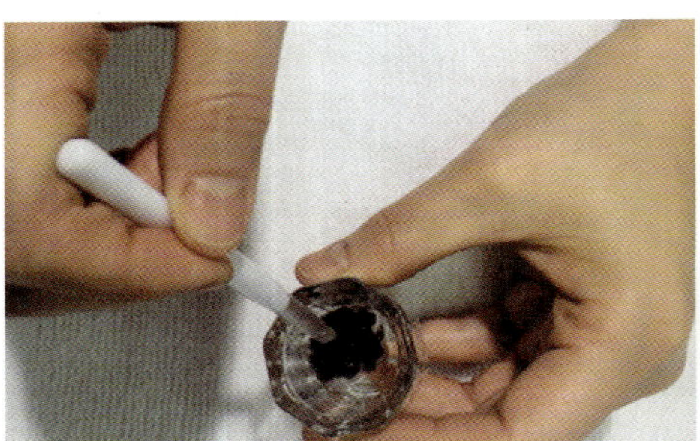

⑤ 제1제와 제2제 혼합하기

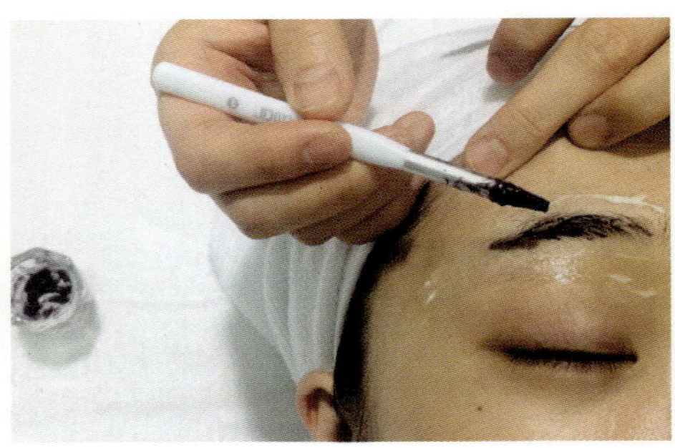

⑥ 염색약 눈썹에 도포하기

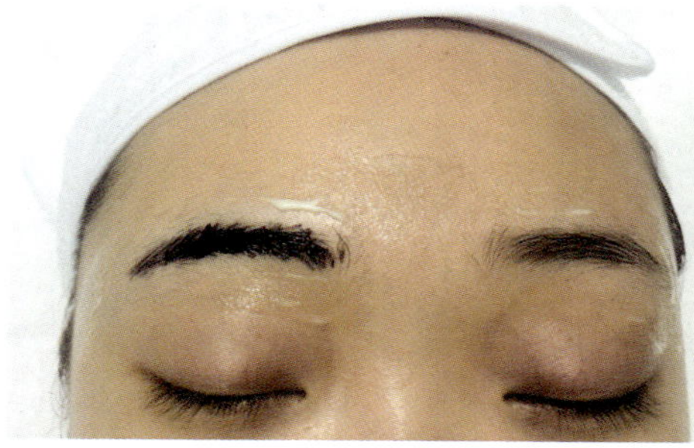

⑦ 한쪽 눈썹 염색약 도포 완료

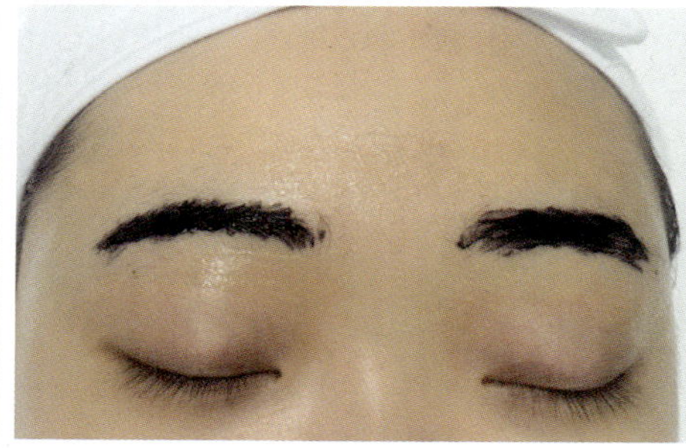

⑧ 양쪽 눈썹 도포 완료

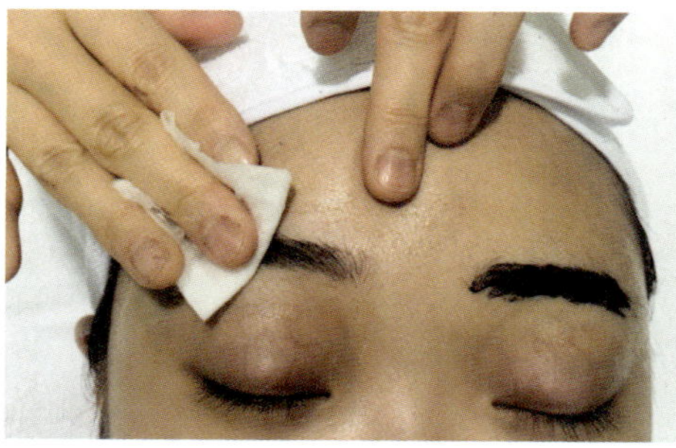

⑨ 염색약 제거하기

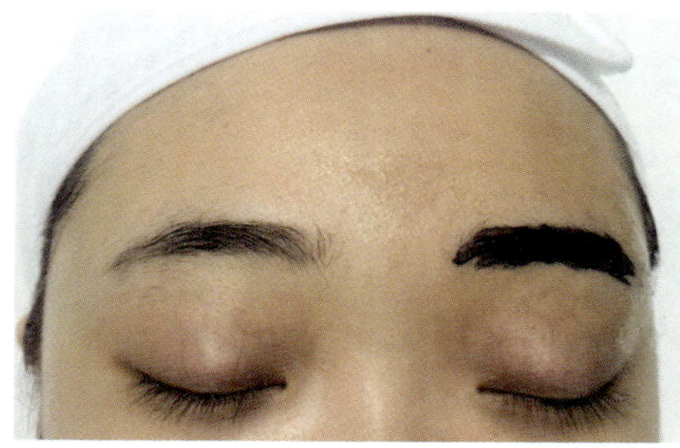

⑩ 한쪽 눈썹 염색약 제거 후 모습

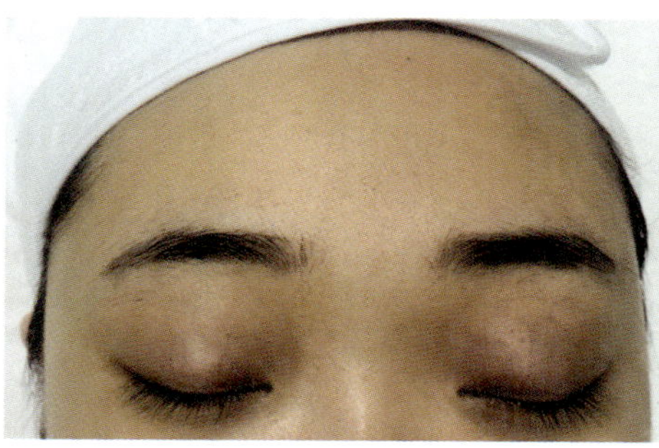

⑪ 양쪽 눈썹 염색약 제거 후 모습

2) 속눈썹 염색하기

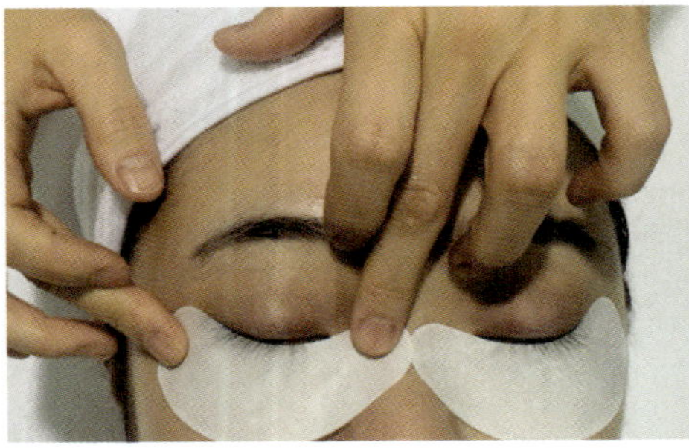

① 속눈썹 염색 전 사전 준비

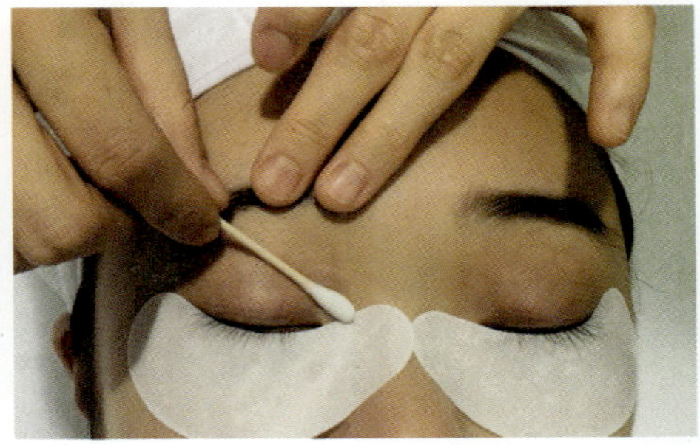

② 속눈썹 염색 전 전처리 과정

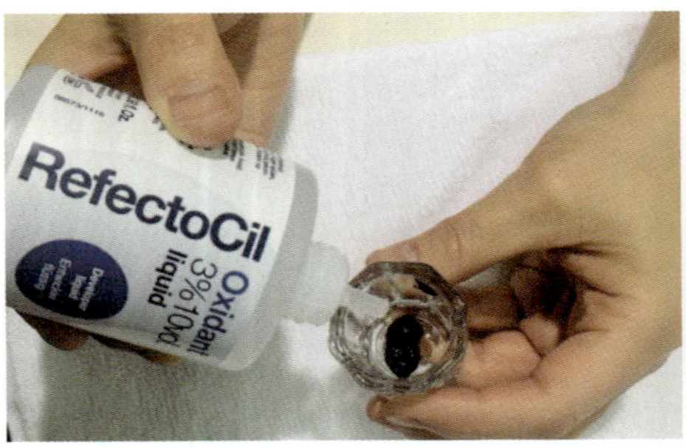

③ 제1제와 제2제 준비하기

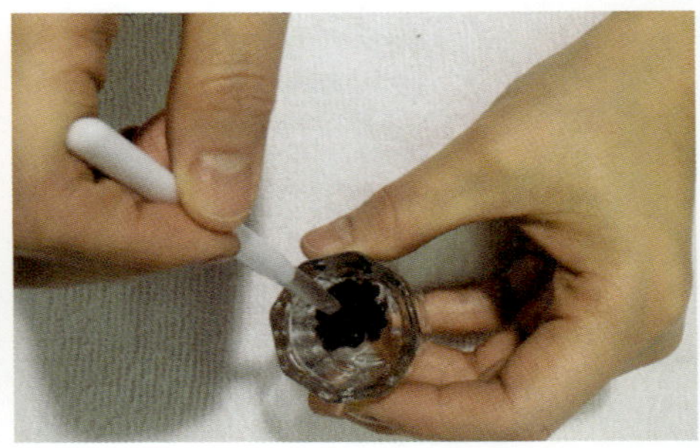

④ 제1제와 제2제 혼합하기

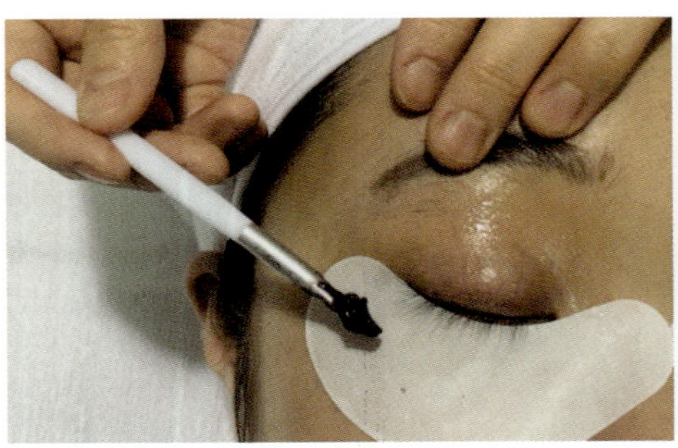

⑤ 속눈썹 염색제 도포하기

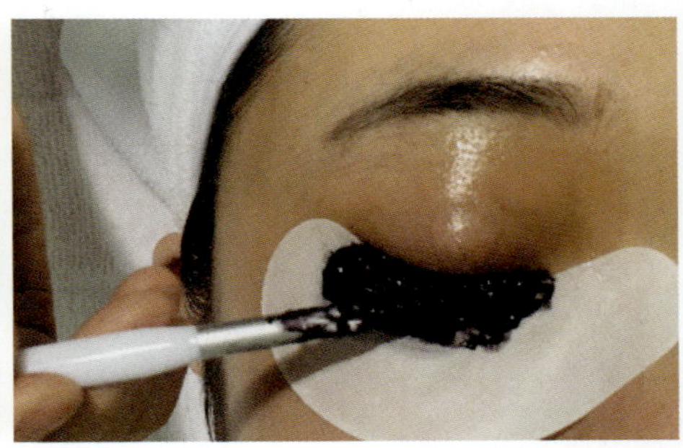

⑥ 한쪽 속눈썹 염색약 도포완료

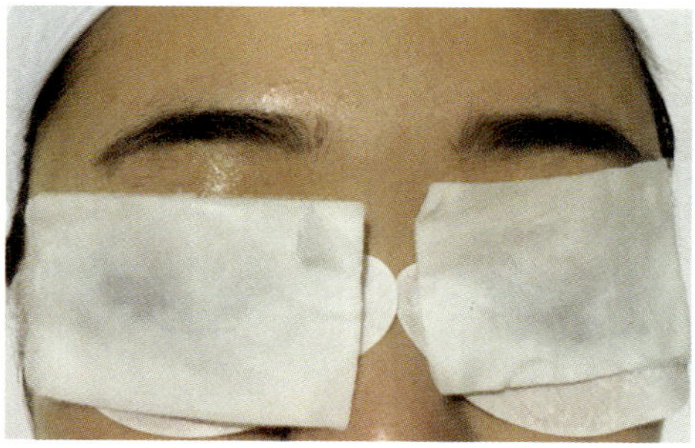

⑦ 속눈썹 염색제 도포 후, 마른 화장솜 얹어두기

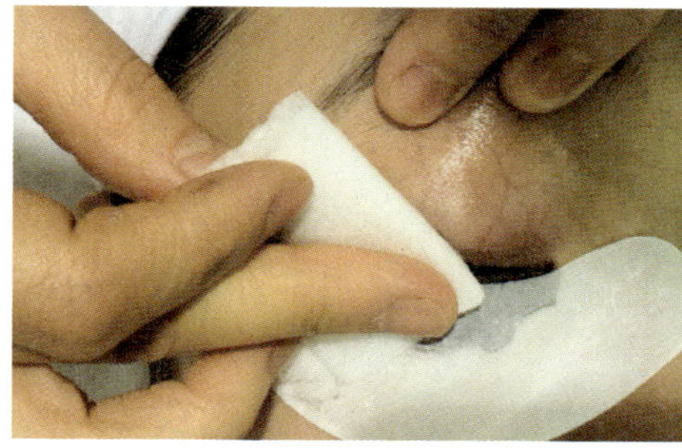

⑧ 염색제 제거하기

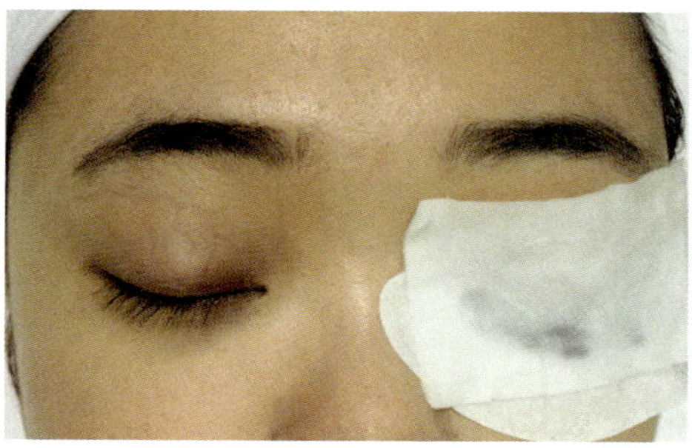

⑨ 한쪽 속눈썹 염색약 제거 후 모습

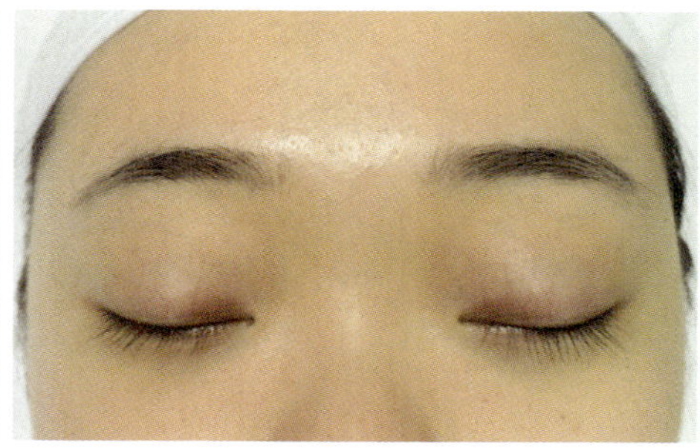

⑩ 양쪽 속눈썹 염색약 제거 후 모습

Chapter 7

피부미용 얼굴 매뉴얼 테크닉

1. 얼굴 매뉴얼테크닉 하기
2. 영양물질 도포하기

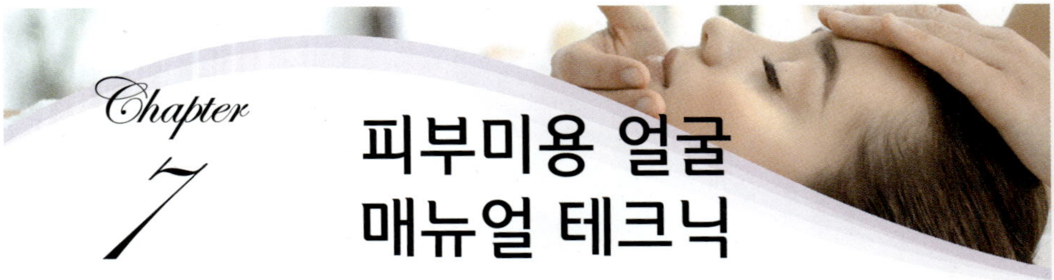

Chapter 7 피부미용 얼굴 매뉴얼 테크닉

1. 얼굴 매뉴얼 테크닉 하기

피부유형에 맞는 제품을 선택하고 5가지 기본 동작을 적용하여 피부상태와 부위에 맞는 적정한 리듬, 밀착, 강약, 속도 등을 조절한 매뉴얼 테크닉을 적용하는 작업이다.

1. 매뉴얼 테크닉Manual Technique의 정의

손을 이용하여 피부에 일정한 방법으로 자극을 주어 혈액순환 촉진 및 체내 노폐물 배출을 돕고 화장품의 흡수를 도와 피부의 기능을 향상시키기 위한 수手기술이다. 전 세계적으로는 '마사지Massage'라는 용어로 통용되고 있으나 우리나라는 '매뉴얼 테크닉Manual Technique'이라는 대체용어를 사용하고 있다.

마사지 — Check Point

마사지Massage란 5,000년의 역사를 지닌 가장 오래된 치료법중의 하나이며 마사Masah란 '손으로 부드럽게 젓는다'라는 뜻을 지닌 아라비아 말에서 유래한 것이다.

고대 중국, 힌두교, 일본과 고대이집트, 로마시대의 역사적 문헌을 살펴보면, 마사지는 질병을 방지하고 노폐물제거와 피로로 인한 독성제거, 지방감소와 피부 탄력, 근육을 단단하게 하는 효과 등 인체 치유력이 뛰어나다고 기록되어 있다.

2. 매뉴얼 테크닉의 구성요소

(1) 방향

림프, 정맥순환을 도와주도록 말초에서 심장을 향해 시술한다.

① **얼굴** : 중앙에서 바깥쪽으로 시술한다.

② **전신** : 말단부위에서 몸통 쪽으로 시술한다.

(2) 압력

사람마다 느끼는 압의 강도는 다르므로 부위마다 약한 압으로 시작하여 → 중간 → 강하고 깊지만 짧게 → 약한 압으로 마무리하면서 점점 압에 적응시킨다. 압이 너무 강할 경우 미세한 모세혈관이나 림프관이 파손될 수 있으며, 결체조직의 긴장감과 탄력감이 상실될 수 있고 동작의 방향에 따라 주름이 형성될 수도 있다. 돌발적인 압력에 특히 주의한다.

(3) 속도

일정한 속도와 리듬감이 중요하다.

부드럽고 느리게 → 빠르고 강하게 → 느리고 부드럽게 속도와 리듬을 맞춘다.

① **속도가 빠를 경우** : 표면적인 효과만 있을 뿐, 안정감과 휴식의 효과가 없다.

② **속도가 느릴 경우** : 시간이 지체되고 고객이 자칫 지루함을 느낄 수 있다.

(4) 매개체

피부마찰을 줄이고 관리 효과를 높이기 위해 크림이나 오일 등을 사용한다.

(5) 자세

피로와 부상을 막고 작업 능률을 올리기 위해 올바른 자세가 필요하다.

(6) 시간

얼굴은 보통 10~20분, 전신은 40~50분 정도 실시하며 고객의 상태에 따라 적절히 조절한다.

(7) 횟수

피부 타입이나 연령, 관리부위 및 관리목적에 따라 관리 횟수를 조절한다. 보통은 주 1~2회 정도 실시한다.

3. 매뉴얼 테크닉의 효과

① 피부조직에 영양을 공급하고 피부의 흡수력을 확대시킨다.
② 피하조직에 있는 지방세포를 감소시키고 피부와 하부조직을 단단하게 만들어 준다.
③ 혈액공급과 순환을 증가시킴으로써 피부의 온도를 상승시키고, 모낭을 열어 주어 피지와 땀의 분비를 증진시킨다.
④ 피부를 부드럽게 하고 긴장된 근육조직을 이완시킨다.
⑤ 림프순환이 촉진되면서 피부조직 내의 정체된 체액과 부종을 감소시킨다.
⑥ 피부의 신진대사가 원활해지고 세포재생이 증진된다.
⑦ 과민한 신경을 가라앉히고 몸과 마음이 편안해진다.
⑧ 긴장을 완화시켜 준다.

4. 매뉴얼 테크닉 시 주의사항

① 조용한 분위기를 제공하고 말소리를 낮추며 대화를 줄인다.

② 손톱, 머리, 복장, 관리사 체취 등 관리사의 개인위생에 신경 쓴다.

③ 클렌징이나 딥클렌징의 잔여물이 잘 제거되었는지 확인한다.

④ 헤어밴드가 머리카락을 잘 감싸고 있는 지 확인하고 관리 도중 머리카락이 제품에 오염되지 않도록 한다.

⑤ 화장품은 위생적으로 관리하고 덜어서 사용하도록 한다.

⑥ 손은 항상 따뜻하게 유지하고 피부에 최대한 밀착하여 관리한다.

⑦ 매뉴얼 테크닉의 구성요소를 잘 숙지하여 압이나 속도, 리듬, 시간 등을 피부상태와 부위에 적정한 관리를 한다.

⑧ 근육의 방향과 주름 발생 부위를 고려하여 관리하도록 한다.

⑨ 관리 도중에는 피부에서 양 손이 모두 떨어지지 않도록 하며 동작 간의 연결이 매끄러워야 한다.

⑩ 제품이 고객의 눈이나 코, 입안으로 들어가지 않도록 주의한다.

⑪ 매뉴얼 테크닉의 시작과 마무리 동작은 쓸어서 펴 바르기에플라지, Effleurage 동작을 적용한다.

5. 매뉴얼 테크닉 시 금기사항

① 심혈관계질환 및 신부전증 등 심장이나 신장에 질병이 있는 경우

② 전염성 혹은 그 외 각종 피부질환이 있는 경우

③ 심하게 붉어지거나 상처가 있는 피부, 알레르기, 심한 화농성 여드름 피부

④ 일광욕이나 레이저 등의 외적 자극을 받은 피부

⑤ 성형수술이나 시술 등을 받은 직후인 경우

⑥ 임신 초기나 임신 말기의 임산부, 수술직후나 당뇨병 환자

⑦ 생리중이거나 정신적 스트레스 등으로 인한 피부가 트러블을 일으키기 쉬운 민감한 상태일 경우

6. 매뉴얼 테크닉의 기본 동작 및 효과

얼굴 매뉴얼 테크닉은 5가지의 동작을 기본으로 하며 관리사는 고객의 요구와 피부상태에 따라 조절하여 매뉴얼 테크닉을 적용한다.

(1) 쓸어서 펴 바르기쓰다듬기, 경찰법, Effleurage ; 에플라지

손바닥이나 손가락을 이용하여 피부를 부드럽게 쓸면서 쓰다듬는 동작

(2) 밀착하여 펴 바르기문지르기, 강찰법, Friction ; 프릭션

손가락의 첫마디 부분을 이용하여 제한된 부위에 집중적으로 작은 원을 그리거나 부위를 옮겨 가며 문지르는 동작

(3) 어루만져 펴 바르기반죽하기, 유연법, Petrissage ; 페트리사지

손가락 전체를 이용하여 피부와 근육조직을 집어 들어 올리는 등의 반죽하기 동작

(4) 토닥토닥 펴 바르기두드리기, 고타법, Tapotement ; 타포트먼트

손이나 손가락의 접촉이 민첩하고 가볍게 피부에서 끊어치기 등의 자극을 위한 동작

(5) 떨며 펴 바르기흔들어 주기, 진동법, Vibration ; 바이브레이션

손끝이나 손전체로 피부를 흔들어서 진동효과를 주는 떨기 동작

쓸어서 펴 바르기 Effleurage 에플라지 쓰다듬기	• 관리의 시작과 끝을 알린다. • 마사지 동작들을 자연스럽게 연결시킨다. • 뭉친 근육을 이완시킨다. • 온열효과로 근육을 이완시킨다. • 뭉친 근육에 더 깊은 작업을 하기 전 근육을 준비시킨다. • 림프액의 배농을 돕는다. • 말초신경을 완화시킨다.

밀착하여 펴 바르기 Friction 프릭션 문지르기	• 좁은 부위에 집중적인 자극을 준다. • 뭉친 근육을 이완시키기 위해 손끝의 강약조절이 중요한 동작이며, 화장품의 흡수를 돕는다. • 피부의 유착된 부분을 풀어 준다. • 피부의 울혈 현상을 완화하여 준다. • 피부의 긴장을 완화시켜 준다.
어루만져 펴 바르기 Petrissage 페트리사지 반죽하기	• 유착된 근육을 풀어주어 긴장을 이완시킨다. • 세포재생을 위한 자극 동작으로 근육의 탄력도를 높인다. • 늘어진 주름 부위의 탄력관리에 좋은 동작이다. • 순환을 촉진시켜 땀샘과 피지샘의 활동을 증가시킨다. • 노폐물 제거에 도움을 준다. • 주무르기, 집어올리기, 말아올리기, 꼬집기 등의 다양한 동작들이 있다.
토닥토닥 펴 바르기 Tapotement 타포트먼트 두드리기	• 자극이 가해지는 동작이므로 민감한 부위는 주의한다. • 주름진 피부와 늘어진 부위의 탄력도를 증가시킨다. • 혈액순환과 말초신경을 자극시킨다.
떨며 펴 바르기 Vibration 바이브레이션 흔들어주기	• 정적인 수축을 돕는 동작이다. • 모세혈관을 자극하지 않으면서 피부기능을 개선시키는 동작으로 민감한 부위에 좋은 동작이다. • 고객의 긴장을 풀리게 한다. • 말초신경을 자극시킨다.

7. 피부유형에 따른 제품 적용과 매뉴얼 테크닉의 적용

(1) 매뉴얼 테크닉에 사용되는 제품의 종류와 적용

오일류	• 정상피부부터 모든 피부타입 사용가능 • 오랜 시간 마사지 가능 • 피부표면에 오일층을 형성하므로 지성피부는 주의
크림류	• 건조, 노화피부에 효과적 사용, 모든 피부타입 사용가능 • 피부에 필요한 영양을 충분히 공급가능
로션류 및 겔류	• 지성피부사용에 효과적, 모든 피부타입 사용가능 • 수분함량이 높고 적당히 윤활성이 있으면서 번들거리지 않는 것이 장점

(2) 피부 유형에 따른 매뉴얼 테크닉의 적용

얼굴 매뉴얼 테크닉은 보통 15~20분 정도 진행한다. 피부유형별, 피부상태에 따라 압력, 마찰 정도, 주요 테크닉 동작 적용, 관리부위의 범위 등을 개개인에 맞게 적용해야 한다.

[매뉴얼 테크닉 적용 전 체크 사항]

① 피부 타입정상, 건성, 예민, 복합성, 지성 피부 등

② 주의해야 할 부위: 눈 주변, 코, 입가 주변 등

③ 예민, 민감, 손상 받은 부위

④ 고객이 관리에 중점을 두고자 하는 부위

⑤ 부위별 근육의 긴장, 수축 부위

[피부 유형 및 상태별 매뉴얼 테크닉의 적용]

1) 건성 피부Dry skin

① 피지선 자극을 위해 건조한 부위는 힘있게 관리한다.

② 거칠고 건조한 부위는 각질을 부드럽게 하기 위해 문지르기 동작을 많이 한다.

2) 예민성 피부Sensitive skin

① 가볍고 부드러운 동작으로 관리한다.

② 예민한 얼굴보다는 어깨, 목, 가슴 부위를 집중적으로 관리한다.

③ 민감한 부위는 두드리기 동작 등의 자극적인 동작은 피한다.

④ 예민, 민감성 피부에 맞는 제품을 이용하여 매뉴얼 테크닉을 실시한다.

3) 지성 피부Oily skin

피지선의 지나친 자극을 피하기 위해 지성 부위는 가볍고 부드러운 동작으로 관리한다.

4) 여드름 피부Acne skin

① 화농성이나 통증을 동반한 여드름이 많을 경우, 자극적인 매뉴얼 테크닉보다는 림프 드레니지lymph drainage 관리가 효과적이다.

② 여드름이 심하지 않은 경우도 얼굴에 자극을 주기보다는 어깨, 목, 가슴 부위를 집중적으로 하여 순환에 힘쓴다.

③ 여드름 전용 제품을 이용해서 관리하도록 한다.

5) 노화 피부Aging skin

① 노화가 진행되고 그 흔적이 뚜렷한 부위는 적합한 동작의 매뉴얼 테크닉을 집중적으로 실시해 준다.

② 순환자극을 위한 부위는 부분적으로 압을 조절하면서 관리한다.

8. 얼굴 근육과 기능

매뉴얼 테크닉은 피부에 유효성분의 흡수를 도와줄뿐만 아니라, 뭉치고 경직된 근육을 자극하여 긴장된 근육의 이완과 세포조직의 활성화 및 순환, 세포재생에 도움을 준다. 그러므로 매뉴얼 테크닉을 적용하는 부위의 근육 명칭과 정확한 위치, 근육의 기능에 대해서는 필히 학습해야 한다.

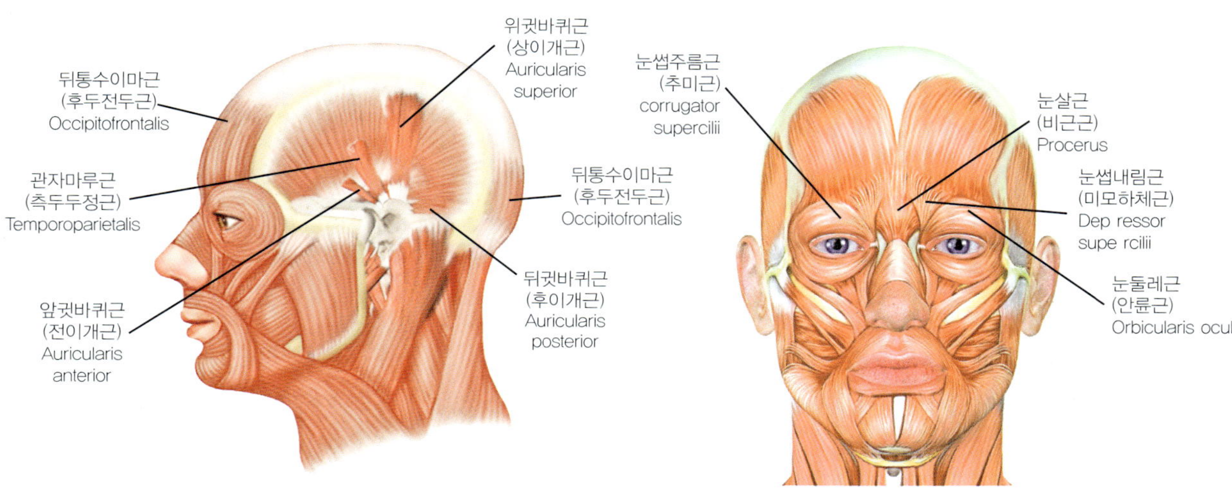

그림 8-1 얼굴근육

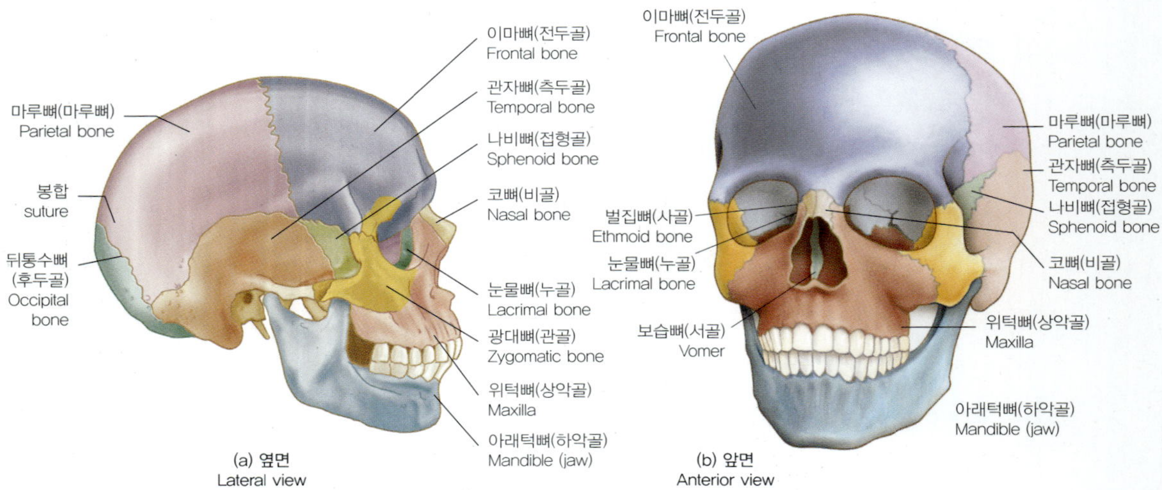

그림 8-2 얼굴골격

(1) 이마 · 머리 부위

1) 이마근육전두근

① 머리덮개널힘줄모상건막에 의해 눈둘레근육안륜근, 뒤통수근육후두근과 연결된 근육이다.

② 눈썹을 올리는 작용을 한다. 앞이마에 가로 주름을 만든다.

2) 눈썹주름근육추미근

① 이마·눈 근육과 이웃하고 있어, 눈의 움직임과 이마의 움직임에 영향을 받는 근육이다.

② 양쪽 눈썹을 모아 아래쪽으로 내리면 눈썹 사이에 내 천川자 주름을 생기게 한다.

③ 찌푸린 표정, 짜증 섞인 표정

3) 관자근육측두근

① 귀 옆의 부채 모양의 근육으로 하악 관절을 이루는 근육이다.

② 씹기근육저작근에 관여하며, 양측 부조화 시 치아부정교합과 두통을 유발한다.

4) 뒤통수근육후두근

① 두피를 뒤쪽으로 당기는 작용을 하는 근육이다.

② 머리덮개널힘줄모상건막로 연결된 이마근전두근과 등세모근승모근에 영향을 주는 근육으로 스트레스, 후두통과 관련성이 깊다.

5) 머리덮개 널힘줄모상건막

① 두개골을 모자처럼 덮고 있는 치밀한 섬유조직으로 이루어진 막이다.

② 이마근전두근에서 뒤통수근육후두근에 이어 연결되어 있다.

(2) 눈 부위

1) 눈둘레근육안륜근

① 눈을 감게 하는 근육으로 눈을 깜빡이거나 눈을 가늘게 뜨는 작용을 하는 근육이다.

② 눈가 주름을 유발한다.

Check Point

- 기시점Origin : 안쪽눈꺼풀인대, 이마뼈, 위턱뼈가 만드는 눈확의 안쪽과 눈물뼈에 부착
- 정지점Insertion : 광대뼈의 가쪽눈꺼풀인대, 눈확의 가쪽, 가쪽눈꺼풀솔기에 부착

2) 눈꺼풀올림근육상안검거근

① 눈동자를 사방으로 움직이고, 눈을 뜨게 하고 눈꺼풀을 올려주는 근육이다.

(3) 코 부위

1) 코뿌리근육비근근

① 양쪽 콧방울을 들어 올리게 하여 코뿌리 부분에 가로주름을 만든다.
찌푸린, 찡그린, 싫어하는 표정

2) 코근육비근

① 콧구멍을 확장시킨다.

(4) 턱 · 입부위

1) 입둘레근육구륜근

① 입을 닫거나, 입술을 내밀고 모으는 동작의 근육이다.

② 뽀뽀, 촛불끄기, 휘파람불기

Check Point

- 기시점Origin : 위턱뼈와 아래턱뼈에 간접적으로 부착
- 정지점Insertion : 입 주위에 있는 근육과 피부에 부착

2) 윗입술올림근육상순거근

① 윗입술을 들어 올려 내미는 근육이다.

② 윗입술을 한쪽만 들어 올려 당길 시 싫은 표정을 만든다.

3) 입꼬리당김근육소근

① 양 입꼬리를 외측으로 당김으로써 입술을 좁히고 보조개를 만드는 근육이다.

② 좌우로 삐죽거리는 표정을 만든다.

4) 입꼬리내림근육구각하체근

① 입꼬리를 내려 슬픈 표정을 짓는다.

② 턱을 들어 올리며 힘을 쓸 경우 입꼬리내림근육이 아래로 내려간다.

5) 아랫입술내림근육하순하체근

① 아랫입술을 아래로 내리는 작용을 한다.

6) 턱끝근이근

① 턱끝을 당겨올리고 아랫입술을 내밀어 뾰루퉁한 표정을 짓는다.

7) 두힘살근육이복근

① 아래턱을 벌리게 하고 삼킴 작용에 관여하는 근육이다.

(5) 광대 · 볼 부위

1) 큰광대근육대관골근

① 큰 웃음을 짓는 미소근육이다.

Check Point

- 기시점Origin: 광대활관골궁에 부착
- 정지점Insertion: 입꼬리구각에 부착

2) 작은광대근육소관골근

① 윗입술을 당겨 올려 우는 표정이나 부정적인 표정에 관여하는 근육이다.

Check Point

- 기시점Origin: 광대뼈관골 앞면에 부착
- 정지점Insertion: 윗입술의 외측부에 부착

3) 볼근육협근

① 입술을 좁히고 볼에 바람을 넣어 압축하는 근육이다.

② 입을 다물어 화난 표정을 지을 때도 작용한다.

4) 깨물근교근

① 관자근육측두근과 함께 씹는 작용에 관여하는 근육이다.

Check Point

- 기시점Origin: 광대활관골궁의 전후면에 부착
- 정지점Insertion: 아래턱뼈하악골의 아래턱뼈가지하악지에 부착

(6) 목 부위 근육

1) 목빗근육흉쇄유돌근

① 두개골과 안면의 균형을 잡아주는 근육이다.

② 유양돌기에서 갈라져 하나는 흉골에, 다른 하나는 쇄골에 부착되어 있다.

2) 넓은목근육광경근

① 입주위 근육에서부터 데콜테 상부까지 목 전체를 얇게 덮고 있는 근육이다.

② 턱선관리, 목주름, 큰가슴근육대흉근과 연관성이 있다.

3) 목갈비근육사각근

① 머리를 좌우로 안정시키고 목을 굽히는 데 작용하는 근육이다.

② 호흡을 보조하고 팔의 모든 증상과 관련되어 있다.

(7) 씹기근육저작근

머리뼈와 아래턱뼈에 붙어 있는 근육으로, 턱관절을 움직여 음식을 씹는 데 관여하는 근육들이다.

1) 두힘살근육이복근, 목뿔위근육설골상근

① 아래턱을 아래쪽으로 당겨 입을 벌리게 한다.

2) 가쪽날개근육외측익돌근, 외익상근, 안쪽날개근육내측익돌근, 내익상근

① 아래턱을 바깥쪽으로 움직이며 입을 벌리며 씹는 작용을 한다.

3) 관자근육측두근, 깨물근교근, 안쪽날개근육내측익돌근, 내익상근

① 턱을 닫고 힘을 주면 단단한 것을 씹을 수 있는 힘을 낸다.

인상과 표정을 결정짓는 근육
(습관적인 근수축 작용으로 생긴 인상과 주름)

Check Point

- 이마 주름 : 전두근
- 눈썹사이의 내 천川자 주름 : 추미근
- 눈주름 : 안륜근
- 웃는 표정 : 대관골근
- 입가주름 : 구륜근
- 슬픈 표정 : 입꼬리내림근육

9. 얼굴 매뉴얼 테크닉 실전

매뉴얼 테크닉 시 구성요소, 주의사항, 금기사항 등을 숙지하고 고객의 피부유형에 맞는 테크닉을 적용한다.

[매뉴얼 테크닉 순서]

헤어터번 하기 → 제품 준비하기 → 제품 도포하기 → 매뉴얼 테크닉하기

(1) 얼굴 매뉴얼 테크닉

1) 준비 및 관리순서

① **준비하기** : 피부유형에 맞는 크림 또는 오일, 유리볼, 스패튤러, 미용 티슈, 소독용 알코올, 해면, 온습포, 젖은 화장솜, 피부유형에 맞는 토너 등

② **관리순서** : 피부 유형에 맞는 매뉴얼 테크닉을 위한 제품 선택 후 유리볼에 준비 → 제품 도포하기 → 매뉴얼 테크닉 하기 → 티슈 정리 → 해면 정리 → 온습포 사용하기 → 토너 정리하기

2) 제품 도포하기

피부 유형에 맞는 크림 또는 오일을 데콜테 → 볼 → 이마 → 코 순으로 얼굴 위에 덜어 놓는다. 다음에 데콜테 → 목 → 턱 라인 → 볼 전체 → 코, 콧등 → 이마 → 관자놀이 순으로 제품을 펴서 발라 준다.

① 손 소독하기

② 크림 준비하기

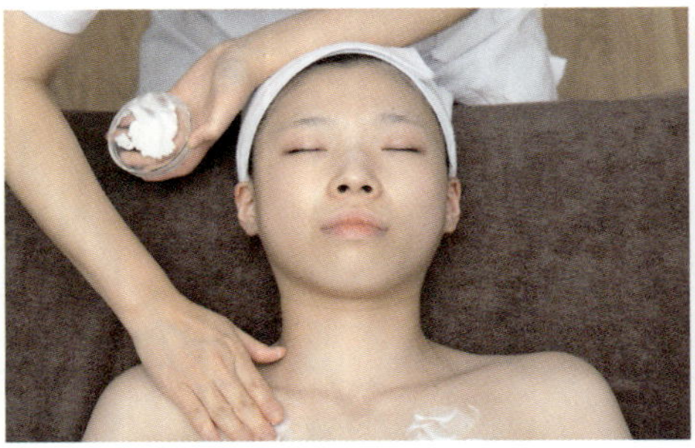

③ 데콜테 도포하기

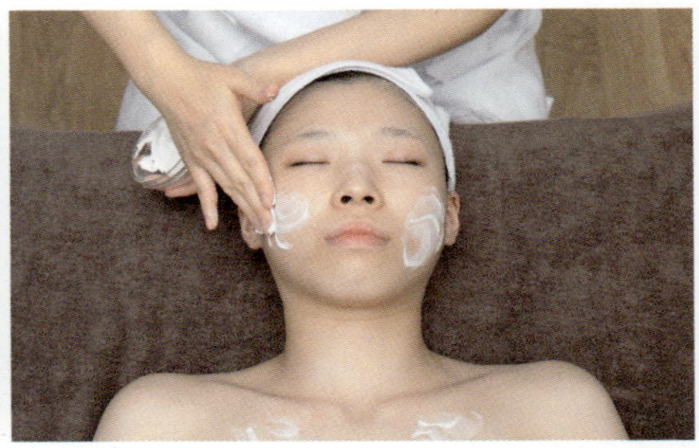

④ 볼 부위 도포하기

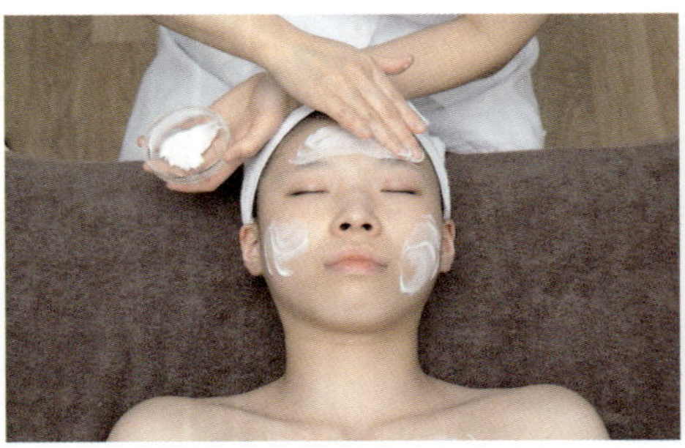

⑤ 이마 부위 도포하기

⑥ 코 부위 도포하기

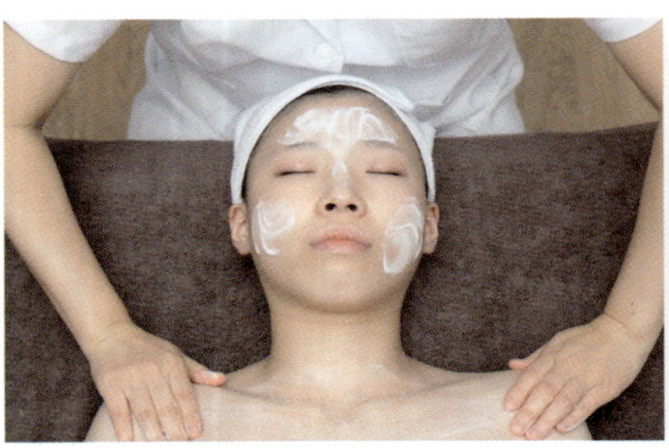

⑦ 데콜테 펴 바르기

⑧ 목 부위 펴 바르기

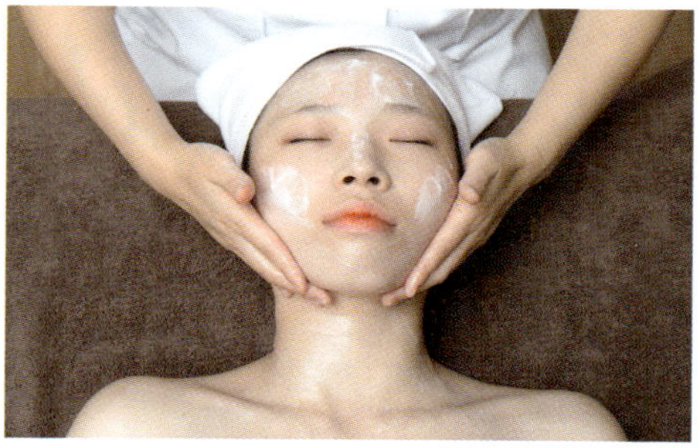

⑨ 턱 라인 펴 바르기

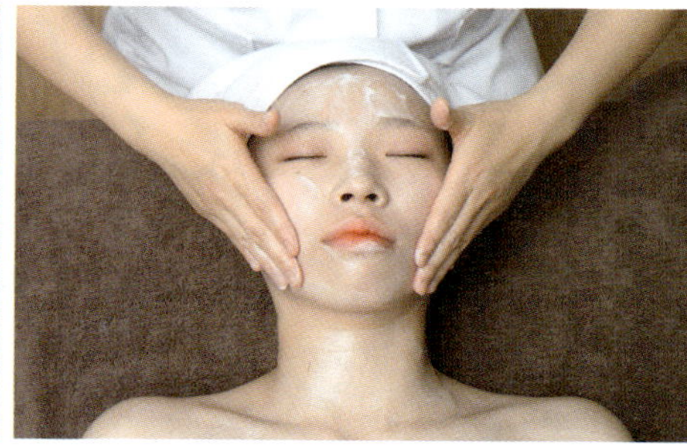

⑩ 볼 부위 펴 바르기

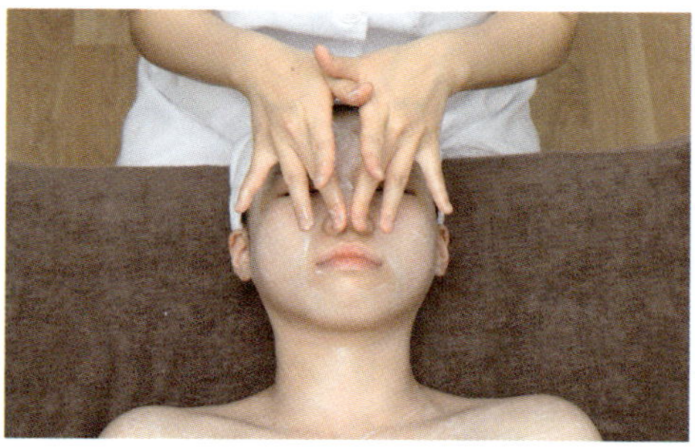

⑪ 코 부위 펴 바르기

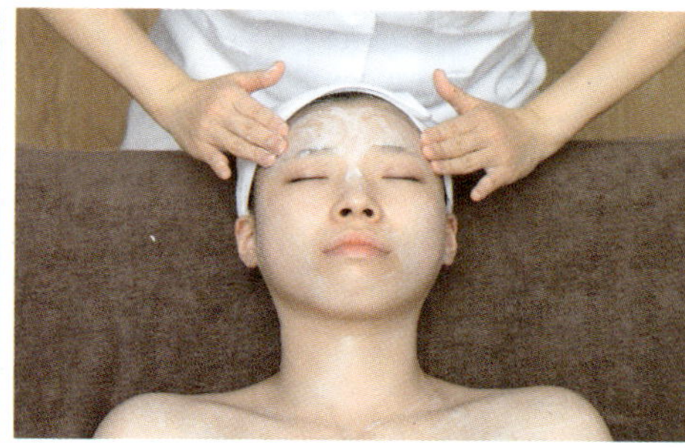

⑫ 이마 부위 펴 바르기

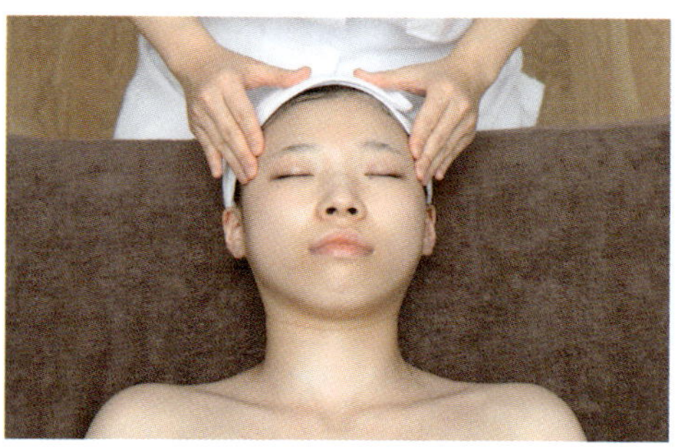

⑬ 관자놀이 마무리

3) 얼굴 매뉴얼 테크닉 하기

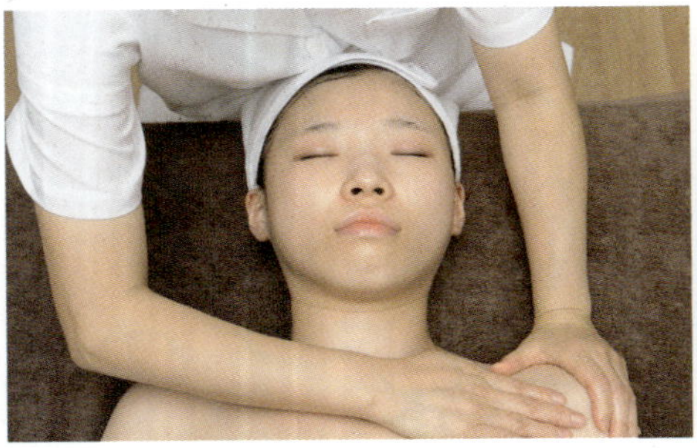

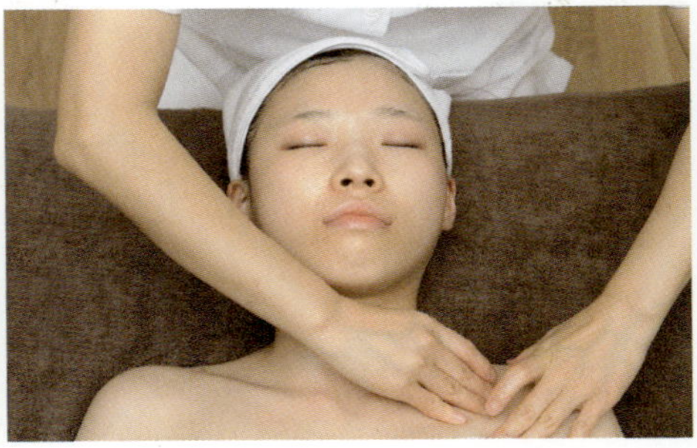

① 가슴 위 쓰다듬기Effleurage, 경찰법

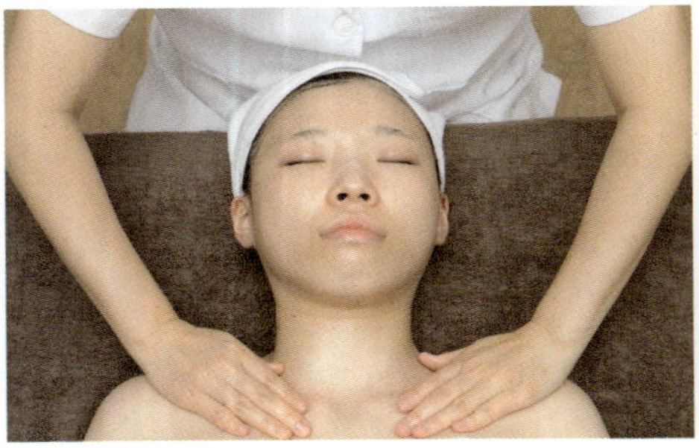

② 가슴위 나선형으로 문지르기Friction, 강찰법

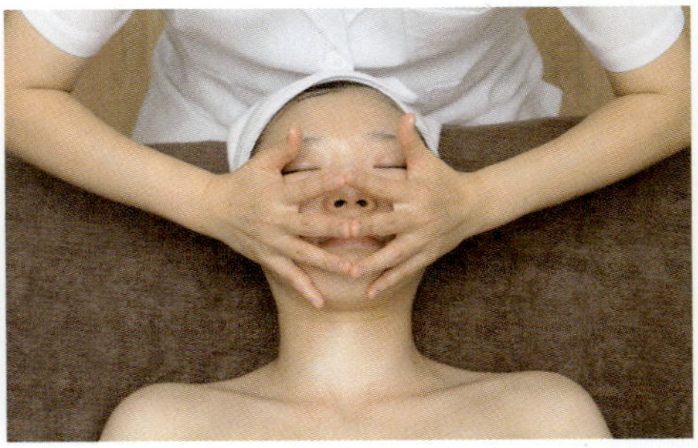

③ 볼 전체 쓰다듬기Effleurage, 경찰법

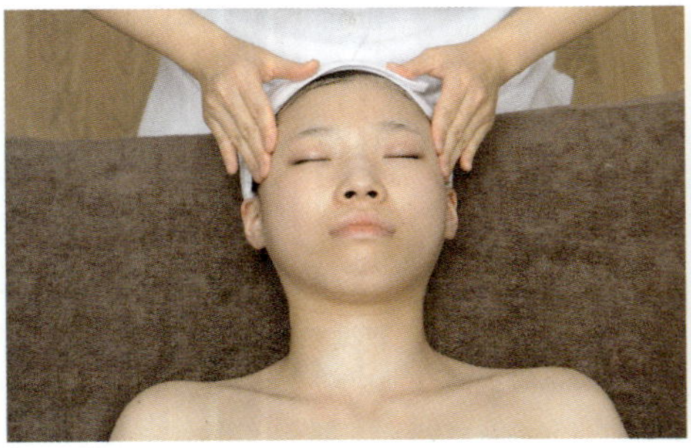

④ 관자놀이 원 그리며 문지르기Friction, 강찰법

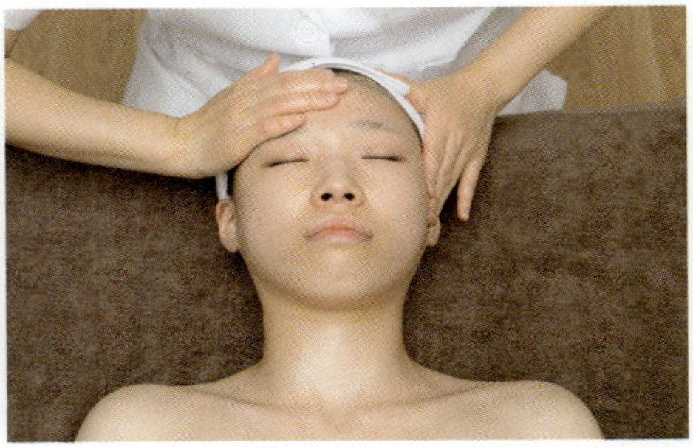

⑤ 이마 쓰다듬기Effleurage, 경찰법

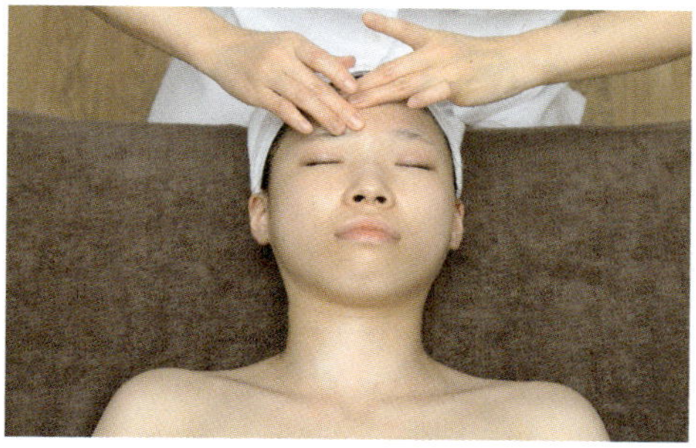

⑥ 이마 반원 문지르기Friction, 강찰법

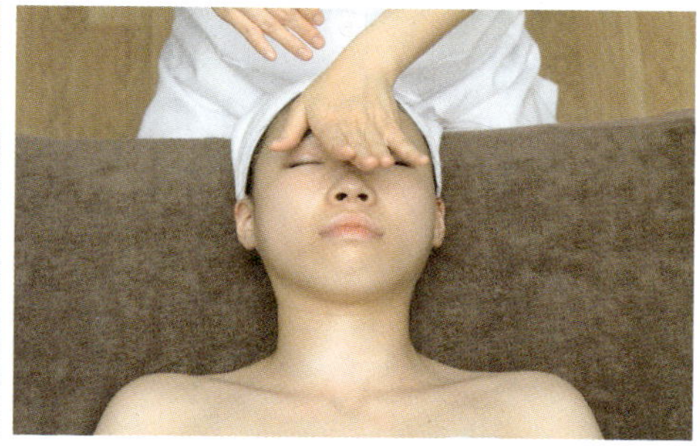

⑦ 이마 쓰다듬기Effleurage, 경찰법

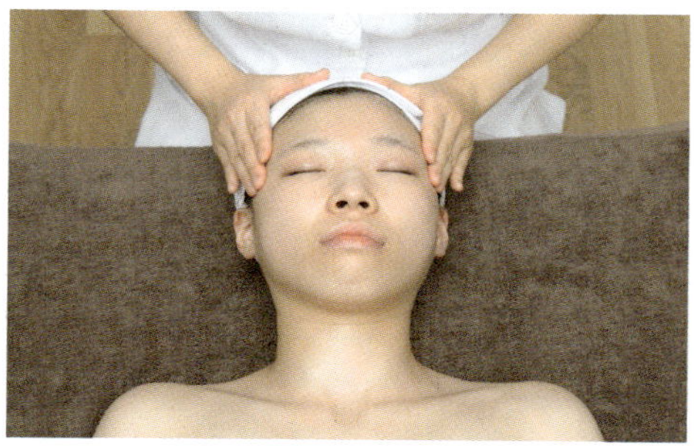

⑧ 관자놀이 압 주기

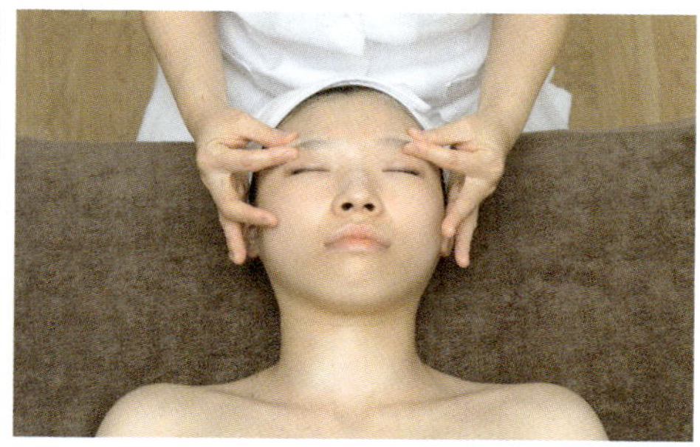

⑨ 눈 돌아 추미근 집어주기Petrissage, 유연법

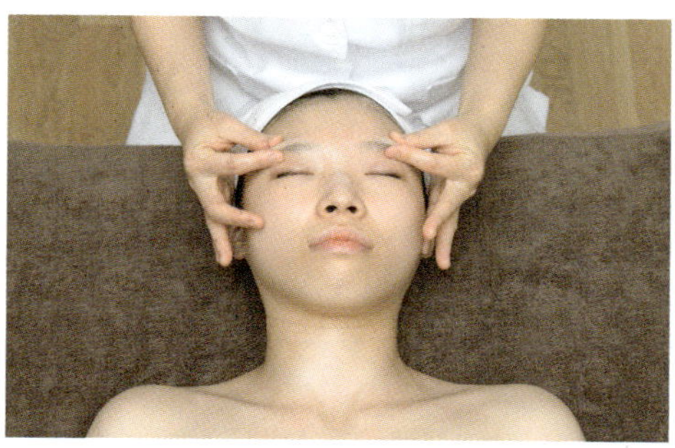

⑩ 눈 돌아 추미근 쓸어주기Petrissage, 유연법

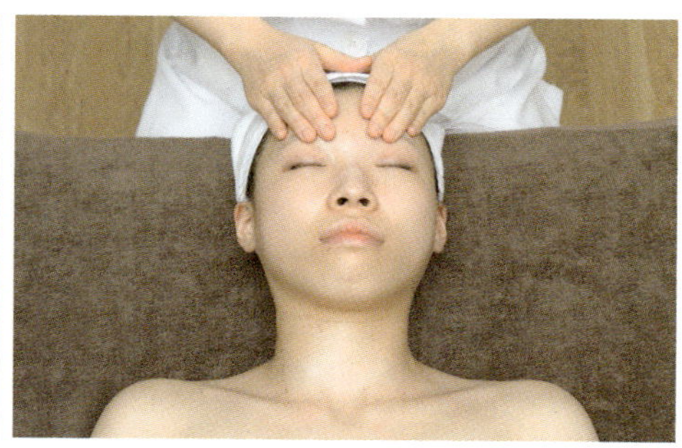

⑪ 눈 돌아 전두근 쓰다듬기Effleurage, 경찰법

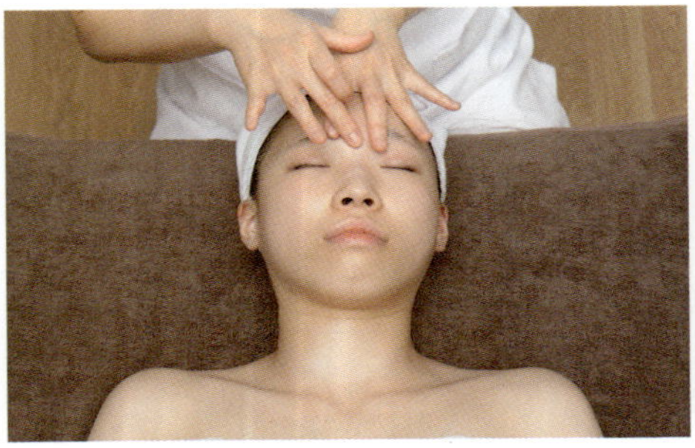

⑫ 이마 V자 문지르기Friction,강찰법

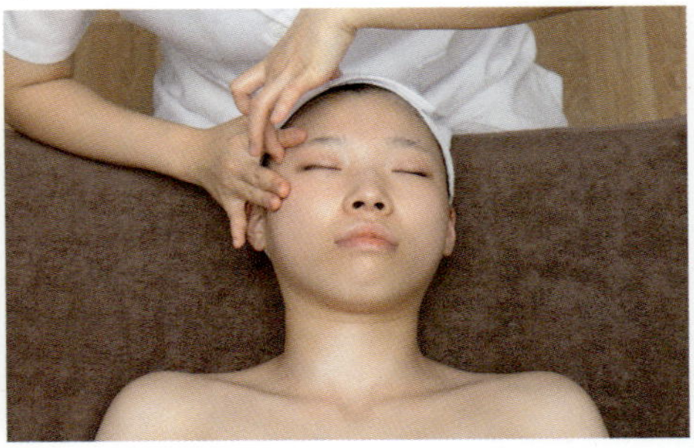

⑬ 눈가 V자 문지르기Friction, 강찰법

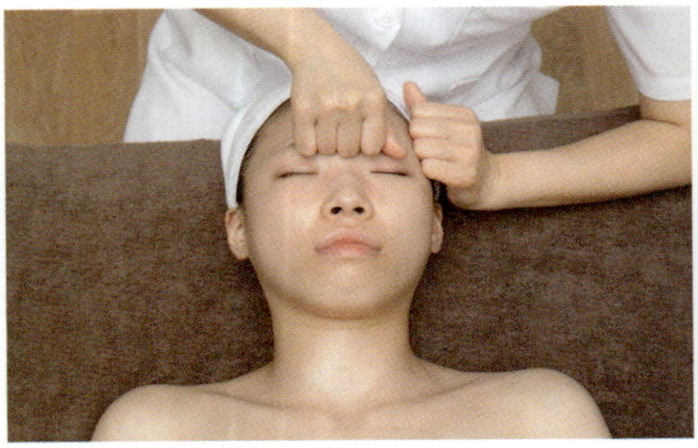

⑭ 지과로 이마 쓰다듬기Effleurage, 경찰법

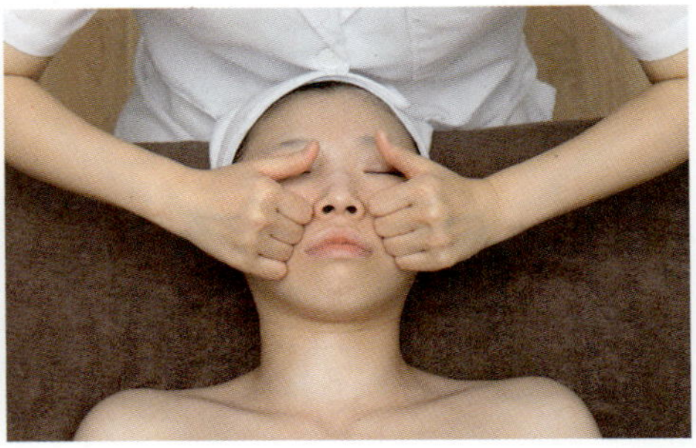

⑮ 지과로 볼 쓰다듬기Effleurage, 경찰법

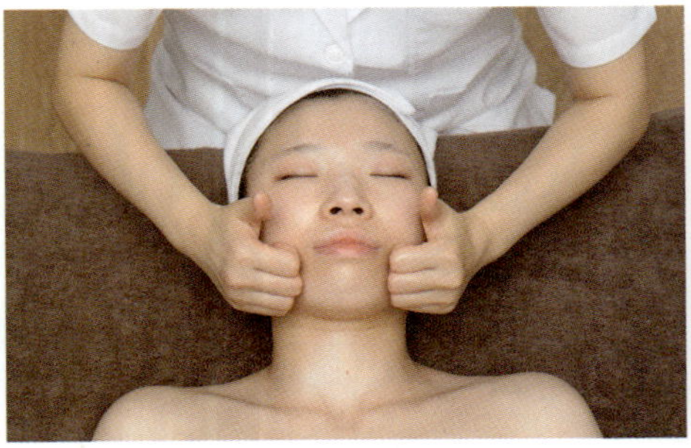

⑯ 지과로 턱선 쓰다듬기Effleurage, 경찰법

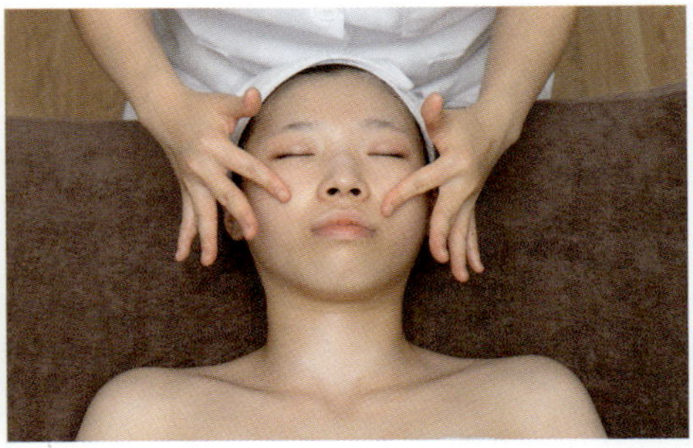

⑰ 볼 두드리기Tapotement, 고타법

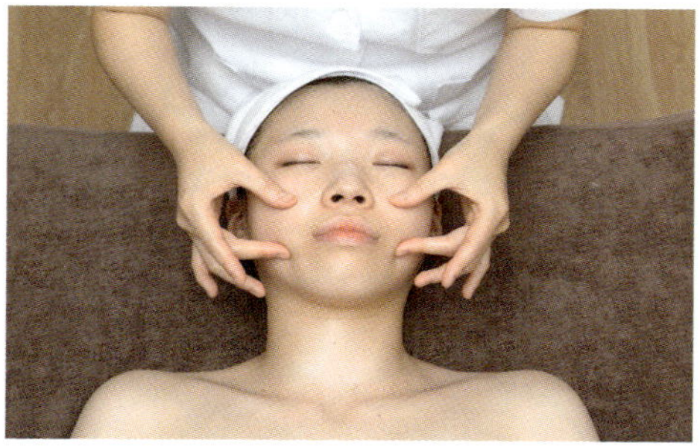

⑱ 볼 집어주기Pincement, 고타법

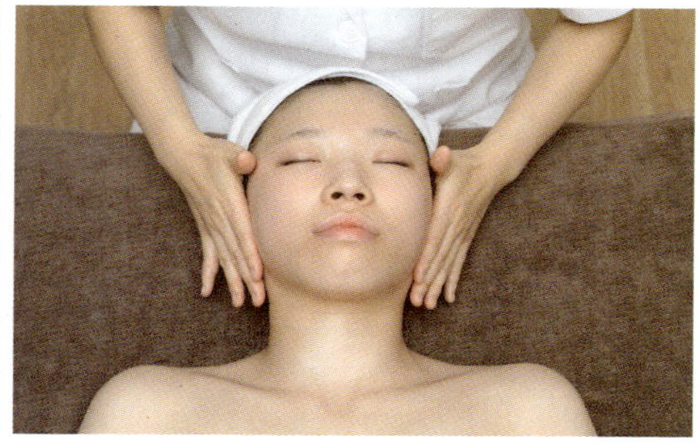

⑲ 볼 진정시키기Effleurage, 경찰법

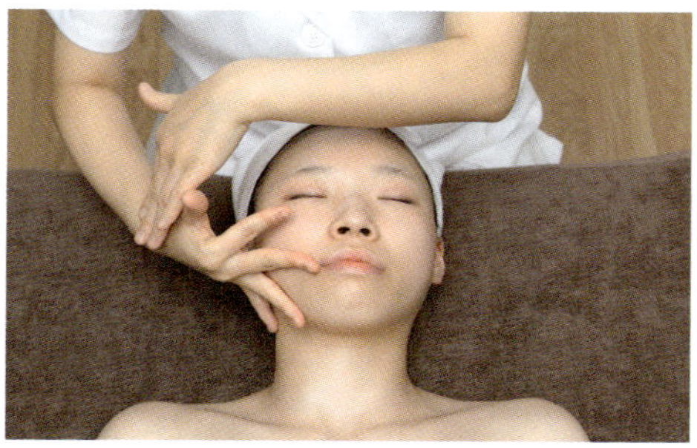

⑳ 한 볼 떨어주기Vibration, 진동법

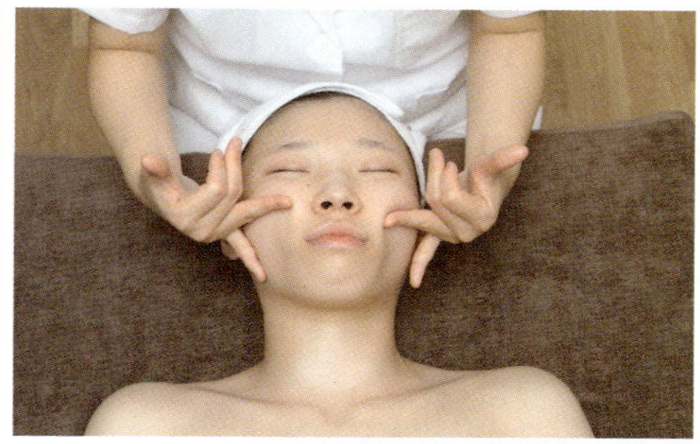

㉑ 양 볼 떨어주기Vibration, 진동법

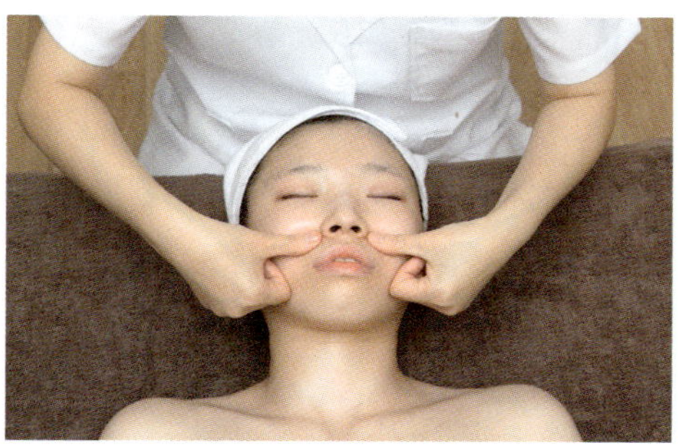

㉒ 코 옆 압 주기

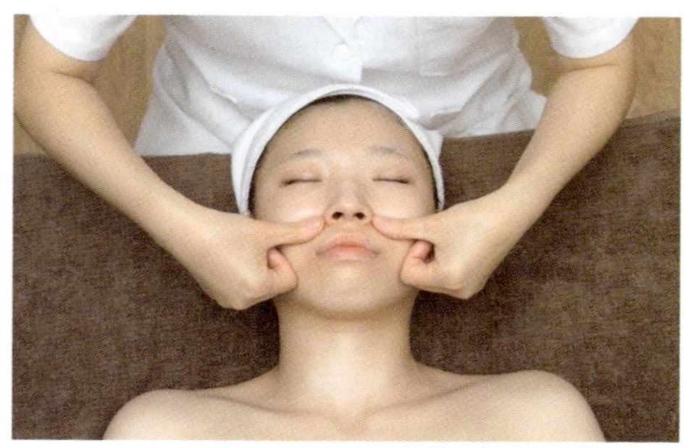

㉓ 광대뼈 아래 쓸어주기

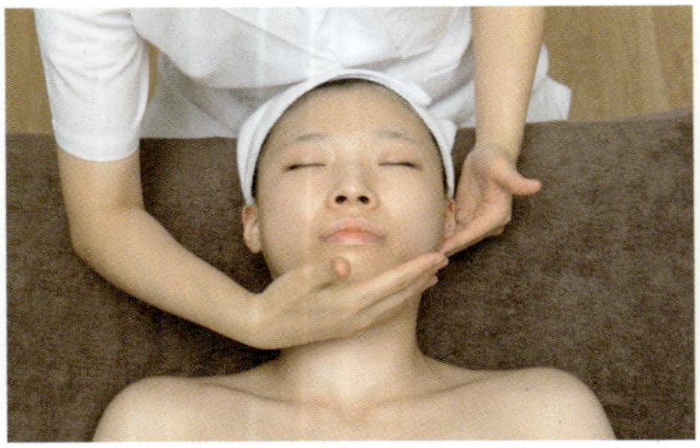

㉔ 턱선 직각 쓰다듬기Effleurage, 경찰법

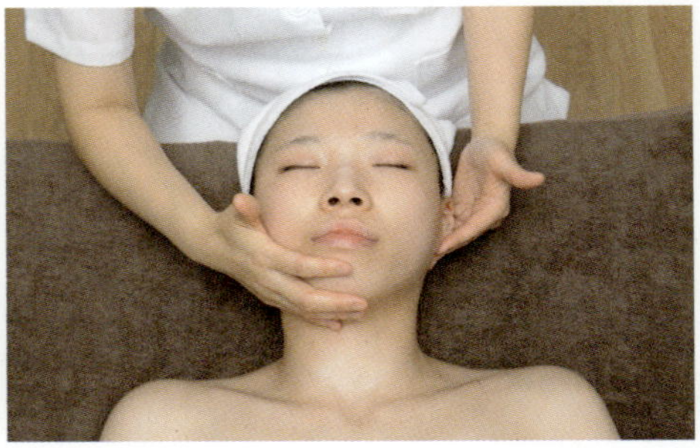

㉕ 목, 턱 쓰다듬기Effleurage, 경찰법

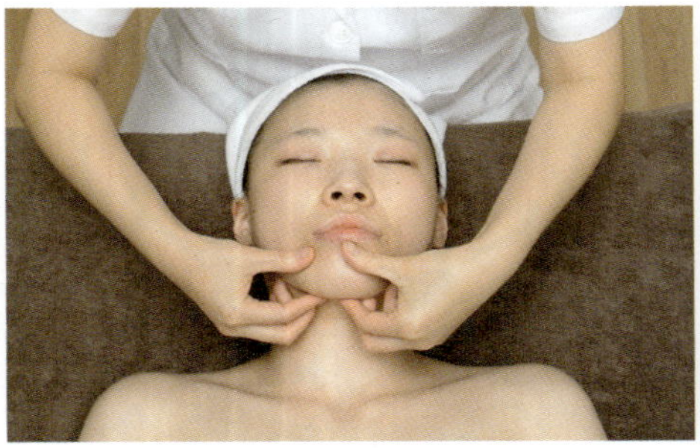

㉖ 양손으로 턱 원 그리기Petrissage, 유연법

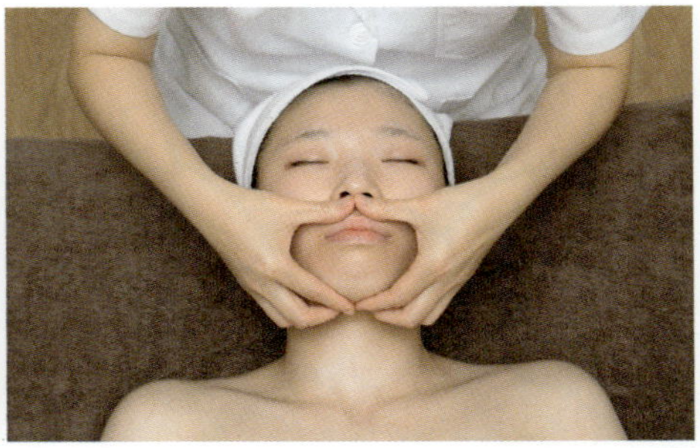

㉗ 구륜근 밀착하여 쓸기Friction, 강찰법

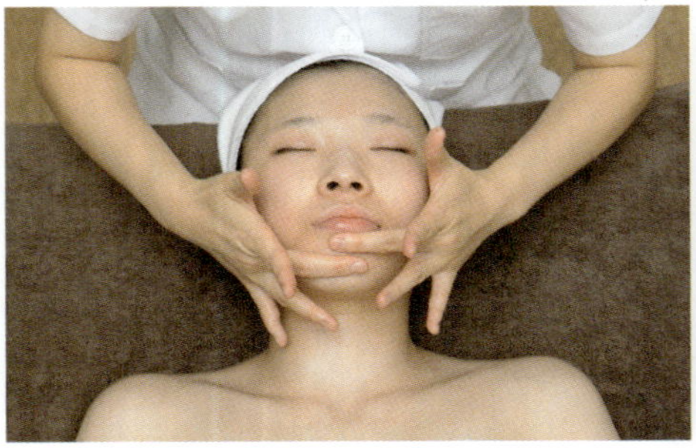

㉘ 턱 문지르기Friction, 강찰법

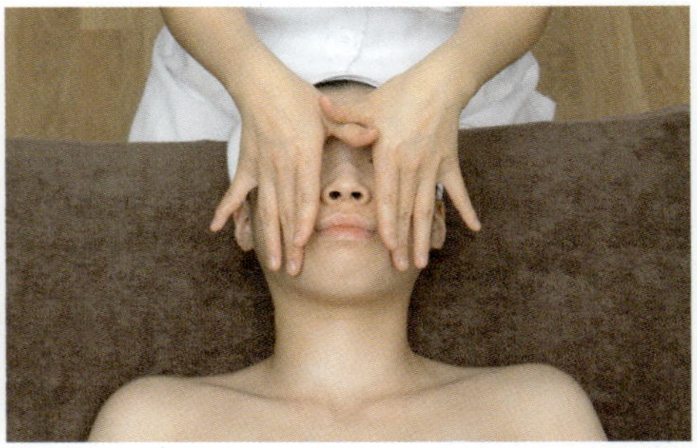

㉙ 입가 주름 원 그리며 문지르기Friction, 강찰법

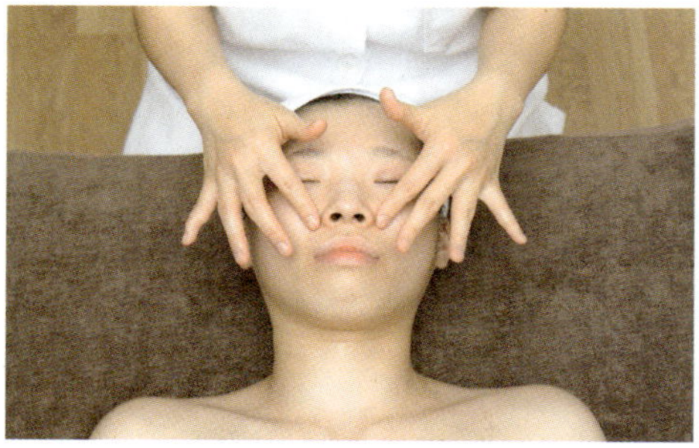

㉚ 입가 주름 두드리기Tapotement, 고타법

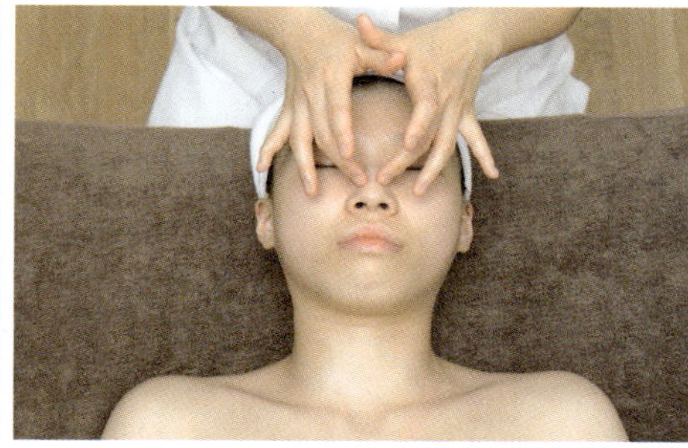

㉛ 비근 문지르기Friction, 강찰법

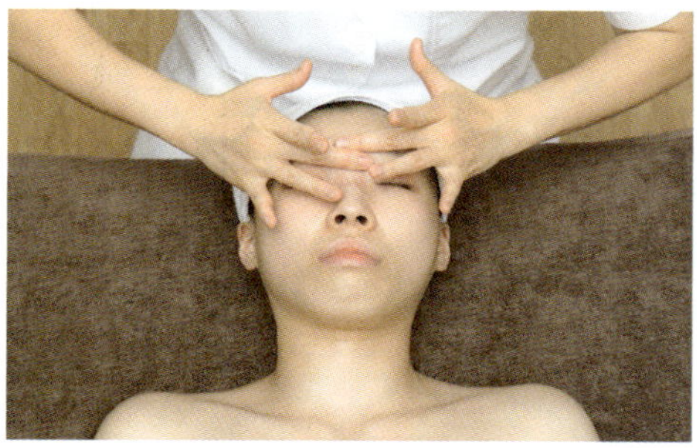

㉜ 미간 쓸어 올리기

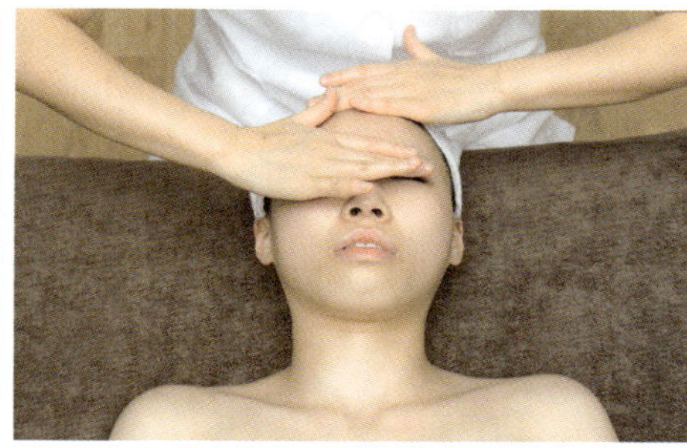

㉝ 이마 쓰다듬기Effleurage, 경찰법

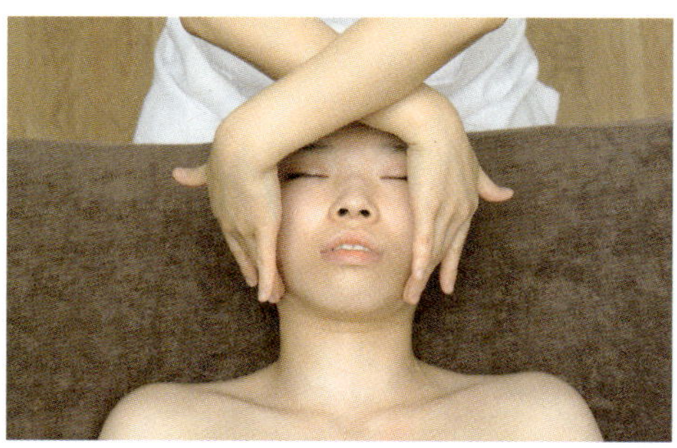

㉞ 얼굴 외곽선 쓰다듬기Effleurage, 경찰법

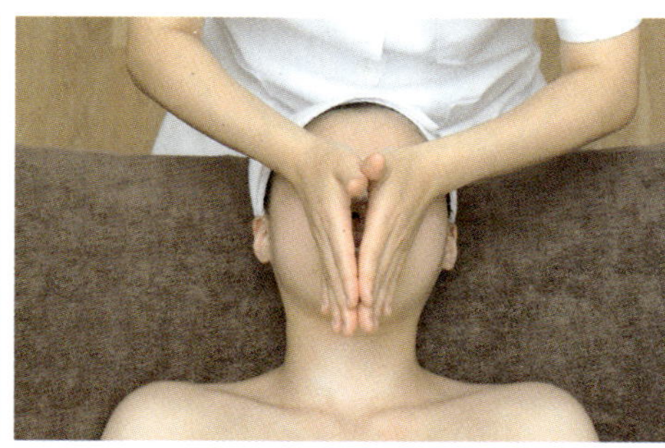

㉟ 얼굴 전체 마무리 쓰다듬기Effleurage, 경찰법

(2) 경부 및 데콜테 매뉴얼 테크닉

경부 및 데콜테 부위의 피부상태와 부위에 적정한 리듬, 강약, 속도, 시간, 밀착 등을 조절하여 매뉴얼 테크닉을 적용하도록 한다.

효과적인 매뉴얼 테크닉 방법 *Check Point*

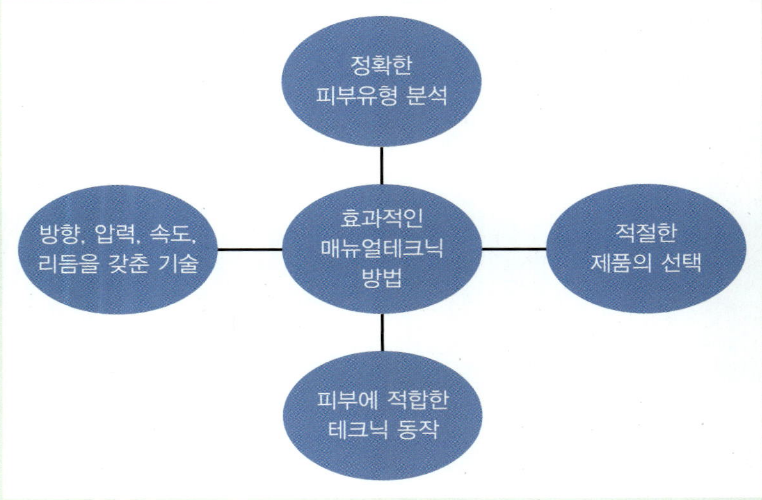

2. 영양물질 도포하기

피부유형에 따라 영양물질을 선택하고 필요한 부위에 도포할 수 있도록 하여 제품의 특성에 따라 영양물질을 흡수시키기 위한 작업과정이다.

1. 영양물질이란?

피부상태에 따라 보습, 미백, 주름개선 등의 특정효과를 주기 위해 사용되는 유효성분이 첨가된 수용성 또는 유용성 제품을 말한다. 일반적으로 천연 식물성, 동물성, 광물성에서 추출한 성분이 영양물질로 많이 사용되고 있다.

최근 화장품 산업이 발전함에 따라 새로운 장르의 화장품들이 출시되고 있으며 가장 대표적인 것이 에센스라고도 불리우는 영양물질이다. 영양물질은 에센스essence, 세럼serum, 농축concentration이라는 용어로도 불리는 것으로 피부에 유익한 각종 보습 성분 및 유효성분을 다량 함유하고 있다.

영양물질은 콘셉트와 기능에 따라 보습, 진정, 미백, 주름개선, 여드름 등 다양한 종류가 가능하다.

영양물질을 제형별로 분류하면 크게 가용화타입, 유화타입, 오일타입, 겔타입의 4가지로 구분할 수 있다. 가용화타입은 산뜻한 사용감과 다량의 보습제를 함유하고 있으며 수용성 성분만 배합되어 있어 유연효과는 약간 떨어진다. 유화 타입은 유성성분이 다량 함유되어 있어 보습 및 유연효과가 우수하다. 오일타입은 단일 유효성분 또는 혼합하여 배합한 것으로 피부 친화적 오일이 출시되고 있다. 겔타입은 투명한 외관을 줄 수 있고 캡슐형태의 제품도 출시되고 있다.

(1) 영양물질의 흡수방법

① 손을 이용한 기법 : 매뉴얼 테크닉을 활용한 흡수

② 미용기구 : 자외선 램프, LED 램프를 활용한 흡수

③ 미용기기 : 이온토프레시스, 고주파기기를 활용한 흡수

(2) 영양물질 제품의 종류 및 성분

1) 영양물질의 종류

피부 유형에 맞게 활성성분을 고농축시킨 상태를 영양물질이라고 한다.

영양물질의 종류와 명칭은 화장품 회사에서 다양하게 부여하여 판매되고 있다.

① **앰플**ampule

활성성분이 함유된 유성, 수성 성분의 액체를 유리병에 담아 열로 유리병 입구를 봉해 멸균상태로 보존하기 위해 만든 것으로 위생적이고, 내용물이 변질되지 않게 보관이 될 수 있도록 만들어진 병원에서 의료용으로 사용되던 형태이다. 기능성 원료를 고농축하여 피부에 고영양을 제공하는 개념으로 사용하며, 앰플을 개봉하여 사용할 때, 유리 가루, 유리 조각 등이 앰플영양물질에 혼합되지 않도록 주의한다.

② **컨센트레이트**concentrate

활성성분을 고농축시킨 에센스essence, 혈액중에서 영양성분이 많은 혈청을 뜻하는 세럼serum 등 제품명은 다양하게 표기하고 있으나 활성 영양성분을 농축시켜 사용하기 편리하도록 만든 제품이다. 주로 겔, 유액 등의 성상으로 구성되어 있다.

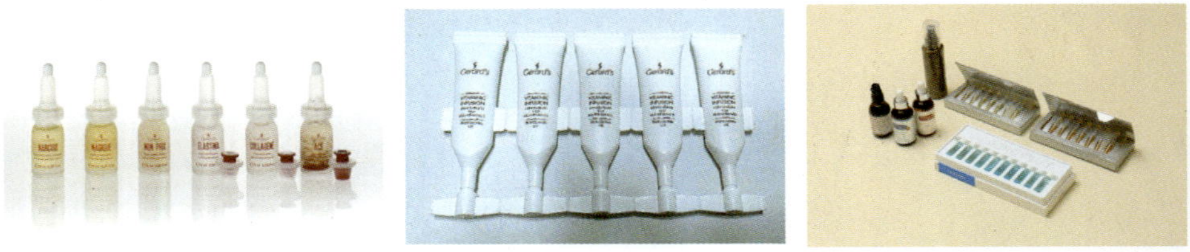

그림 8-3 영양물질의 종류

2) 영양물질의 효능별 주요성분

① **보습**

콜라겐, 알로에 베라, 세라마이드, 히알루론산, N.M.F, 필수지방산, 비타민 A, E, 시어버터, 스쿠알란, 호호바

② 미백

비타민 C, 하이드로퀴논, 코직 애시드, 알부틴, 멜버린, 상백피추출물, 우엉추출물, 감초 추출물, 닥나무 추출물, 퀸스시드 추출물, 태반 추출물, 감마-오리자놀, 안젤리카 추출물

③ 진정 및 자극완화, 쿨링

아줄렌카모마일, 리코라이스, 린덴, 알란토인, 알로에베라, 디-판테놀, 카렌듈라, 자스민, 서양박하 추출물,

④ 주름완화, 세포재생

레티놀, 뮤신, 엘라스틴, 세라마이드, 로얄젤리 추출물, 태반 추출물, 인삼 추출물, 로즈힙 오일, EGF 아데노신, 폴리페놀, 비타민 A,C,E, 코엔자임 Q10

⑤ 피지제거 및 피지분비조절, 정화

카올린, 사포닌, 레티놀, 유칼립투스, 세이지, 아이리스, 일랑일랑, 샌달우드

⑥ 수렴, 소염

멘톨, 캄퍼, 프로폴리스, 하마멜리스, 위치하젤, 비사보롤, 레몬, 유황, 알란토인

Chapter 8
피부미용 얼굴 팩·마스크

1. 얼굴 팩 · 마스크하기
2. 얼굴 관리 마무리하기

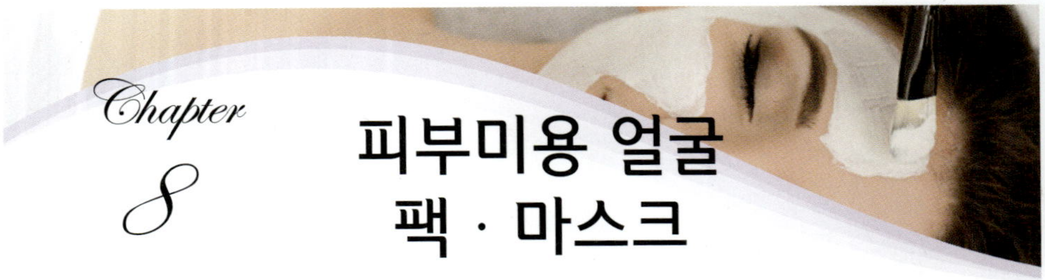

Chapter 8 피부미용 얼굴 팩 · 마스크

1. 얼굴 팩·마스크하기

피부유형에 맞는 팩과 마스크를 선택하여 제품성질에 맞게 적용하며, 시간 적용 후 안전하고 깔끔하게 제거하는 작업이다.

1. 팩Pack과 마스크Mask의 개념 및 효과

주 1~2회 사용으로 피부에 필요로 하는 영양성분을 빠르고 효과적으로 공급하여 효과를 나타내는 충격요법 단계라고 할 수 있다.

(1) 팩Pack과 마스크Mask의 개념

한국·일본 등에서는 팩Pack, 미국·유럽 등에서는 마스크Mask라는 용어로 사용되고 있다.

팩Pack은 '패키지Package'에서 유래된 말이며, '포장하다', '둘러싸다'라는 의미이다.

팩 도포 후에도 피부와 팩 제품 사이에 공기가 통과하며, 차단막을 형성하거나 굳어지지는 않지만 일정시간 후에 제거해 준다.

마스크Mask는 '덮어 가리다'라는 의미이며, 마스크 도포 후에는 피부와 마스크 제품 사이 외부 공기는 차단된다. 이는 유효성분이 피부 내에 효과적으로 침투되도록 도와주며, 일정시간 후에 굳어지면 제거해 준다.

팩Pack과 마스크Mask는 부르는 용어는 다르지만 의미는 현재 동일하게 혼용되어 사용되고 있다.

(2) 팩Pack과 마스크Mask의 효과

① 각질제거 및 필링

② 청정작용으로 인한 노폐물과 피지 제거

③ 살균작용으로 인한 염증 완화

④ 밀폐작용으로 인한 각질층의 유연, 보습

⑤ 건조작용으로 인한 피부에 적당한 긴장감 부여 및 혈액순환 촉진

⑥ 다양한 기능성 성분의 함유로 인한 영양공급 및 재생, 미백

(3) 팩Pack과 마스크Mask의 분류

1) 제거방법에 따른 분류

① **필-오프형**Peel-off type

- 일정시간 후 굳으면 떼어내는 제품
- 노폐물과 각질 및 잔털 제거 효과
- 노화, 지성 피부에 효과적

② **워시-오프형**Wash-off type

- 마르긴 하지만 굳지 않으며, 일정시간 후 닦아내거나 씻어내는 제품
- 자극도가 적어 모든 피부에 사용가능

③ **티슈-오프형**Tissue-off type

- 얼굴에 바르고 나서 일정시간 후, 흡수시키거나 미용 티슈 등으로 가볍게 닦아내는 제품
- 건성·노화 피부에 보습과 영양 흡수에 효과적

④ **시트-오프형**Sheet-off type

- 얼굴형 모양으로 절단된 패치로 모양대로 붙였다가 일정시간 후 걷어내는 제품
- 시트의 종류가 다양하므로 피부 타입에 따라 선택하여 사용하며, 모든 피부에 사용 가능

2) 제형에 따른 분류

① 크림 타입Cream type

- 일정 시간동안 피부유형에 필요한 유효성분은 흡수되고 크림의 성상은 그대로 닦아내면 된다.

② 겔 타입Gel type

- 건조되면 피막을 형성하는 Peel–off type과 건조되지 않고 자극없는 Wash–off type으로 분류되고 진정과 보습효과를 가지고 있으며, 일정시간 후 닦아내면 된다.

③ 분말 타입Power type

- 물 또는 전용 액티베이터 액에 개어서 사용하며, 석고·고무 모델링 마스크가 대표적이다.

④ 클레이 타입Clay type

- 진흙의 형태로 개어져 있거나 개어서 사용하며, 피지흡착과 피부 청정효과가 필요한 지성 피부 타입에 많이 사용한다. 흙의 형태로 살짝 굳어지면 바로 닦아낸다. 해면에 물을 흠뻑 적셔 자극 없이 닦아내고 헤어 라인 및 주변에 진흙이 묻지 않도록 주의한다.

(4) 팩 · 마스크 시술 시 주의사항

1) 시기와 주기

① 시기

편안하게 휴식을 취할 수 있는 시간대가 효과적이며, 보통은 저녁이 좋으나 아침이 효과적인 경우도 있다.

② 주기

충격요법의 한 종류로 주 1~2회 정도가 적당하다.

2) 도포시간

① 클렌징 후, 사용하는 1차 팩 단계는 10~15분 정도 후에 제거

② 매뉴얼 테크닉 후, 사용하는 2차 팩은 15~25분 정도 후에 제거

③ 주변 온도, 습도, 피부의 건조도에 따라 개인별 제거해 내는 시간의 정도는 차이가 있다.

3) 시술 시 주의사항

① 시술 전 기초 손질을 충분히 한다.

② 시술 전 고객의 알레르기와 폐쇄공포증 유무 등을 확인한다.

③ 성분, 효능 및 느낌, 전해지는 온도를 고객에게 미리 설명한다.

④ 적용시간을 엄수한다.

⑤ 볼 부위는 피부온도가 낮아서 팩의 건조가 늦어지므로 너무 두껍게 바르지 않는다.

⑥ 도포 후 건조될 때까지는 고객이 움직이지 않도록 한다.

⑦ 굳어지는 팩·마스크 종류를 목까지 도포 할 경우, 머리 베개나 침대 높낮이를 사전에 조절 한 후, 사용하도록 한다.

⑧ 건조되는 팩의 경우 인중이나 목, 눈 가까이는 바르지 않도록 한다.

⑨ 굳어서 여러 번 닦아야 하는 팩일 경우, 젖은 해면을 충분히 적셔 부드럽게 제거한다.

2. 팩과 마스크의 종류에 따른 분류와 사용방법

(1) 크림 팩cream pack

1) 작용원리

피부유형에 따라 한 가지 또는 그 이상을 선택하여 부위별로 사용할 수 있다.

2) 효과

피부 유형별, 제품의 성상에 따라 그 종류와 효과가 다양하다.

3) 크림 팩 사용방법 및 주의사항

① 사용방법

[준비물]

피부 유형별 크림 팩 제품, 아이&립크림, 스패튤러, 브러시, 유리볼, 소독용 알코올, 젖은 화장솜, 해면, 냉습포, 피부유형별 토너 등

[관리순서]

터번하기 → 손 소독하기 → 스패튤러를 이용 유리볼에 적당량의 크림 팩 준비 →아이&립크림 도포하기 → 턱, 볼 도포하기U-zone → 코, 이마 도포하기T-zone → 목 부위 도포하기 → 일정시간 후, 해면 사용하기 → 냉습포 사용하기 → 토너 정리하기

② 주의사항

- 브러시를 너무 세우거나 눕히지 않게 하고 피부 결 방향대로 도포한다.
- 눈, 콧구멍, 입술엔 도포하지 않도록 주의한다.
- 해면 사용 시, 피부에 자극이 가지 않도록 해면에 물기를 충분히 적셔 제거한다.
- 팩 제거 후엔 냉습포를 사용하여 잔여물이 남지 않도록 닦아낸다.

① 손 소독하기

② 크림팩 준비하기

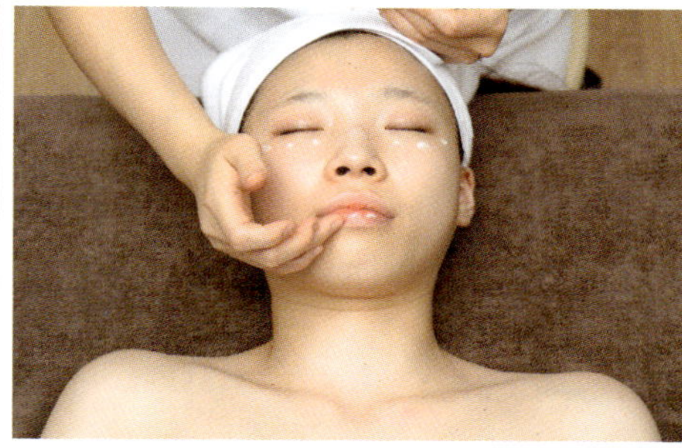

③ 아이&립크림 도포하기

④ 크림팩 도포하기 1

⑤ 크림팩 도포하기 2

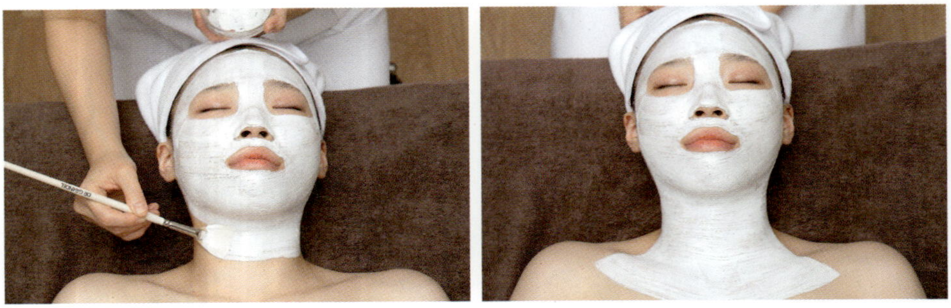

⑥ 크림팩 도포하기 3

⑦ 크림팩 완성

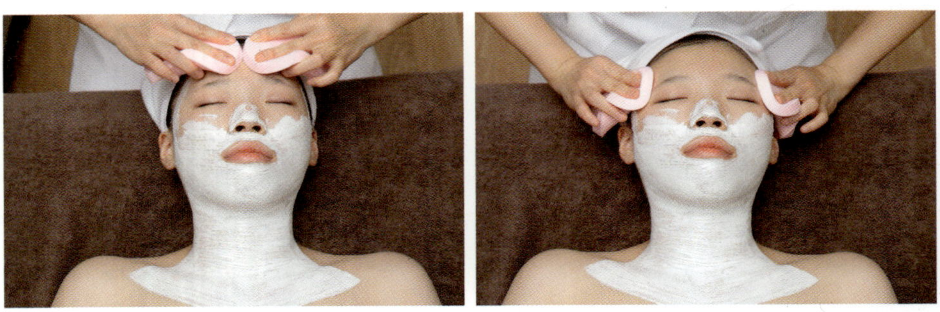

⑧ 해면 사용하기 1

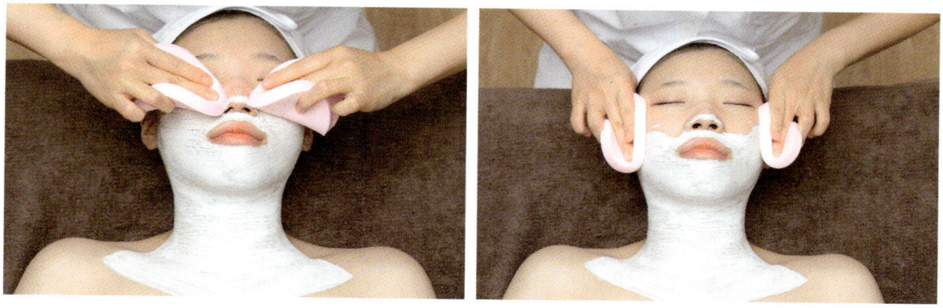

⑨ 해면 사용하기 2

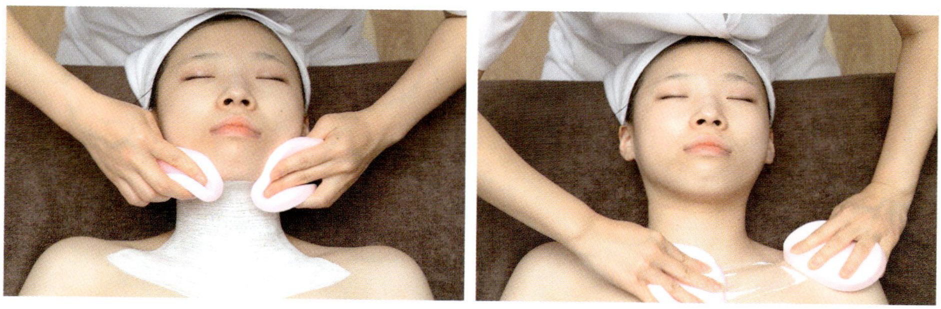

⑩ 해면 사용하기 3

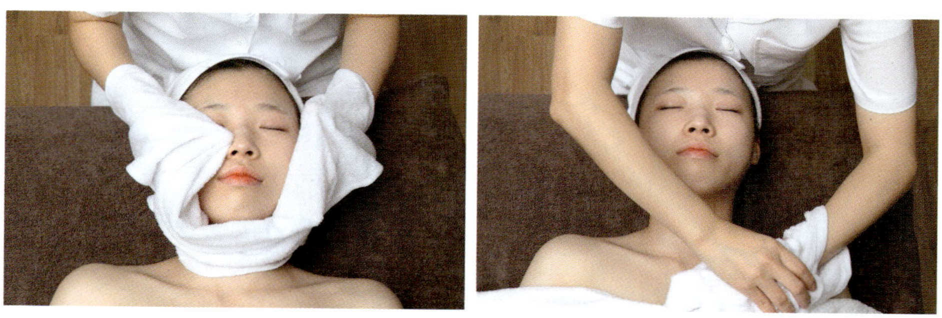

⑪ 냉습포 사용하기

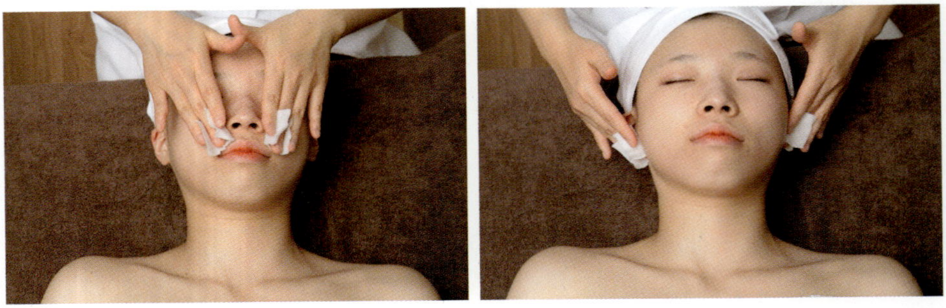

⑫ 토너 정리하기

(2) 고무 모델링 마스크Rubber–modeling mask

1) 작용원리

고무 타입으로 굳으면 떼어내는 마스크로 Rubber-modeling mask라고도 불린다. 함유된 성분에 따라 Algae-modeling mask, Vitamin-modeling mask 등으로 불리기도 한다.

2) 효과

성분에 따라 피부 유형별로 사용할 수 있는 종류와 효과가 다양하고 기본적으로 보습과 진정 효과가 있다.

3) 고무 모델링 마스크 사용방법 및 주의사항

① 사용방법

[준비물]

고무 모델링 마스크 제품, 물, 아이&립크림, 스패튤러, 고무 볼, 소독용 알코올, 젖은 화장솜, 해면, 냉습포, 피부유형별 토너 등

[관리순서]

터번하기 → 손 소독하기 → 아이&립크림 도포하기 → 눈가 아이패드 덮기 → 고무 모델링 파우더 개어 도포하기 → 일정시간 후, 제거 → 해면 사용하기 → 냉습포 사용하기 → 토너 정리하기

② 주의사항

- 마요네즈 정도의 묽기로 농도로 조절한다.
- 도포 시 코 속으로 들어가지 않도록 주의한다.
- 덜 개어진 제품을 도포하거나 기포로 인해 표면에 구멍이 생기지 않도록 체크하며 펴 바른다.
- 마스크 제거 후에는 냉습포를 사용하고 잔여물이 남지 않도록 닦아낸다.

① 손 소독하기

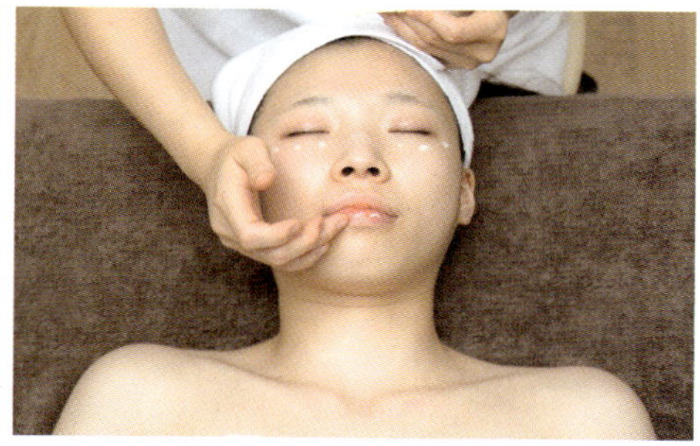

② 아이&립크림 도포하기

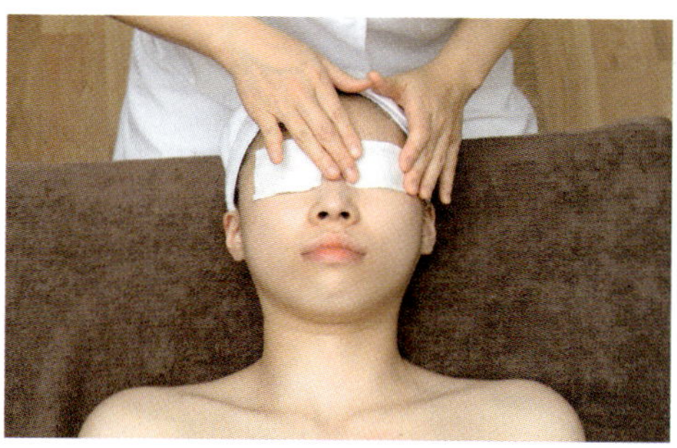

③ 젖은 화장솜 얹어 두기

④ 고무 모델링 마스크 준비하기

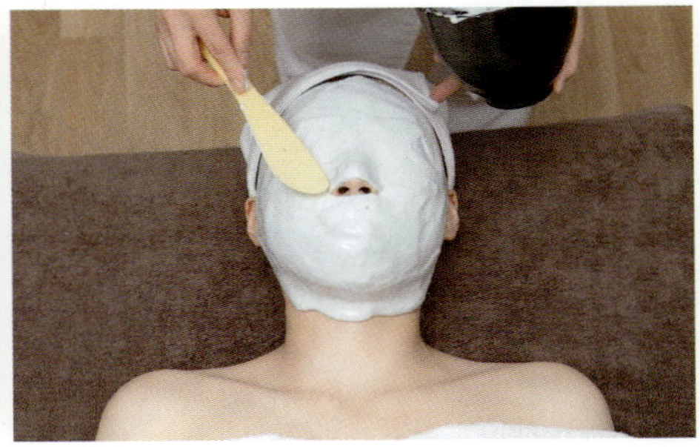

⑤ 고무 모델링 마스크 도포하기

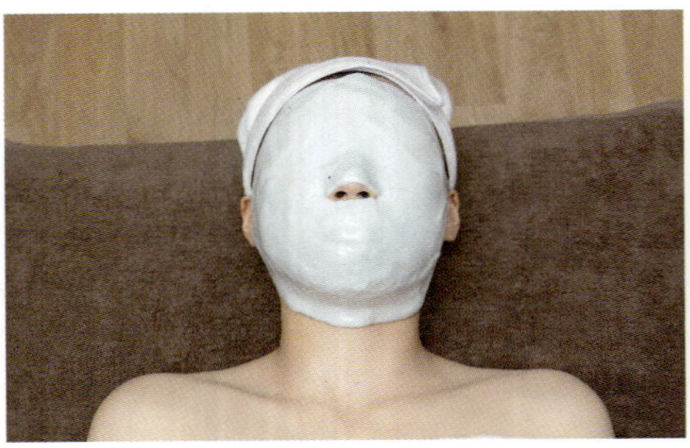

⑥ 고무 모델링 마스크 완성

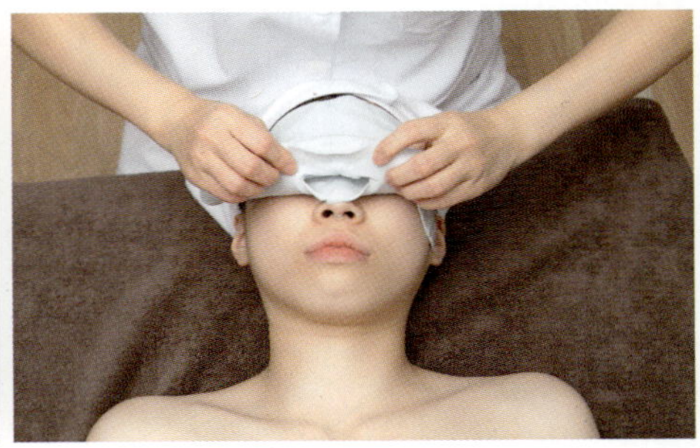

⑦ 고무 모델링 마스크 제거하기

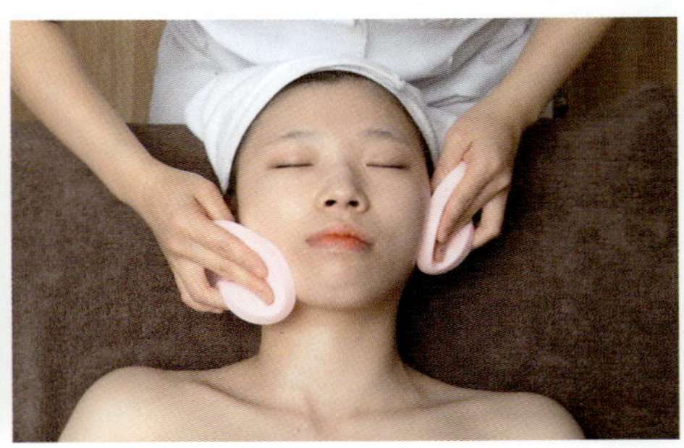

⑧ 해면 사용하기

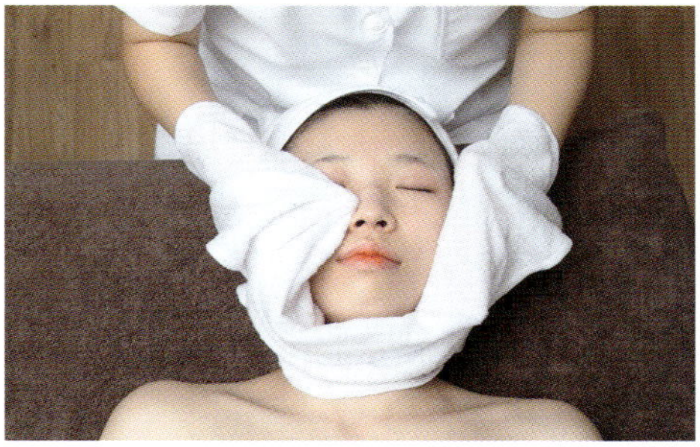
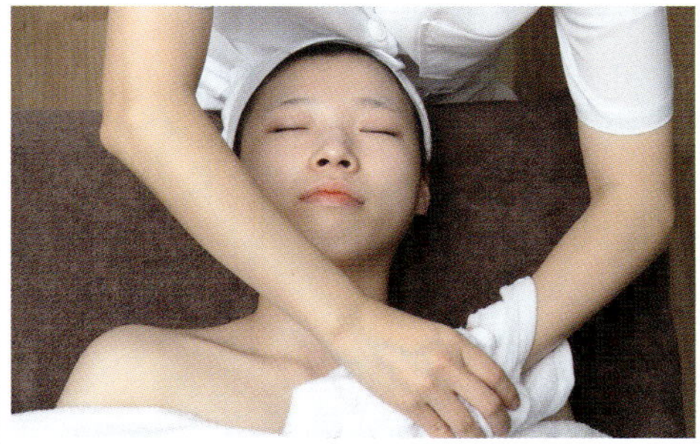

⑨ 냉습포 사용하기

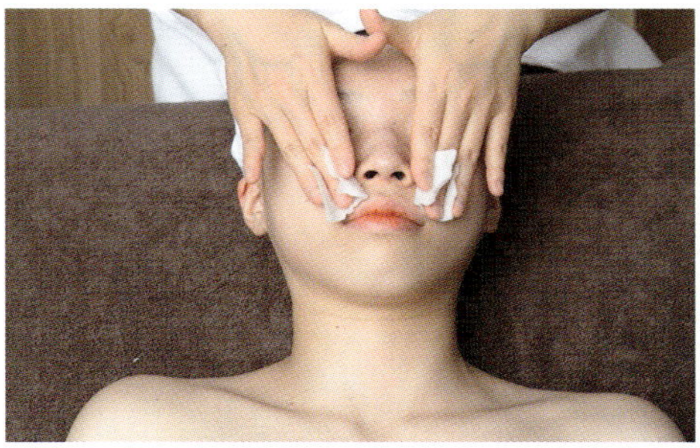
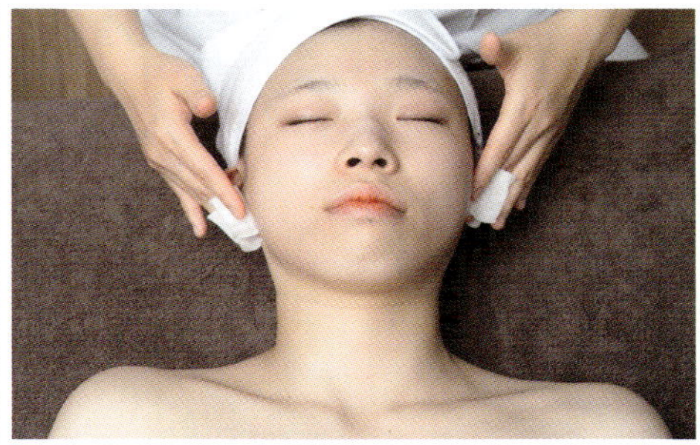

⑩ 토너 정리하기

(3) 석고 모델링 마스크Gypsum–modeling mask

1) 작용원리

발열과 함께 굳어지는 마스크이다.

2) 효과

발열로 인해 혈액순환 촉진과 피부에 도포된 영양물질들의 흡수력을 높이는 효과가 있다.

3) 석고 모델링 마스크 사용방법 및 주의사항

① 사용방법

[준비물]

석고 마스크 제품, 물, 아이&립크림, 석고 베이스, 브러시, 거즈, 스패튤러, 고무 볼, 유리볼, 소독용 알코올, 젖은 화장솜, 해면, 냉습포, 피부유형별 토너 등

[관리순서]

터번하기 → 손 소독하기 → 아이&립크림 도포하기 → 석고 베이스 크림 또는 영양 크림 두껍게 도포 → 눈가 아이패드 덮기 → 물에 적셔 꽉 짠 거즈 올리기 → 석고 파우더 개어 도포하기 → 일정시간 후, 제거 → 해면 사용하기 → 냉습포 사용하기 → 토너 정리하기

② 주의사항

- 열이 발생하고 단단하게 굳어지는 마스크라는 것을 고객에게 꼭 설명한다.
- 적당한 묽기의 농도를 조절하여 도포한다.
- 코 속으로 들어가지 않도록 도포 시 주의한다.
- 덜 개어진 제품을 도포하지 않도록 하며, 표면에 구멍이나 균열이 생기면 열손실이 발생하므로 거즈 부착과 석고 도포 시 밀착에 신경 쓰도록 한다.
- 마스크 제거 후, 냉습포를 사용하고 잔여물이 남지 않도록 닦아준다.

① 손 소독하기

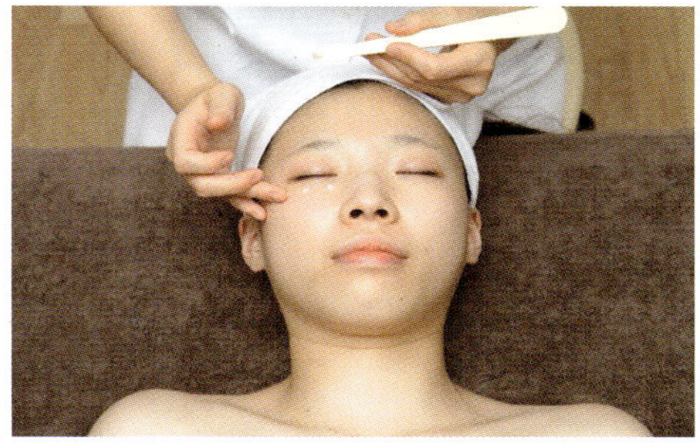

② 아이&립크림 도포하기

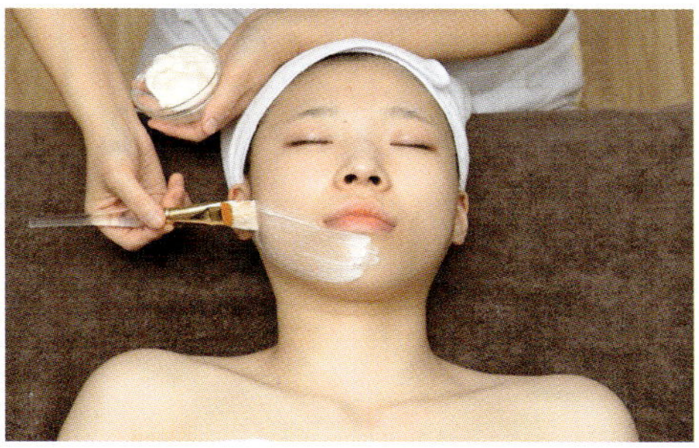

③ 석고베이스 도포하기

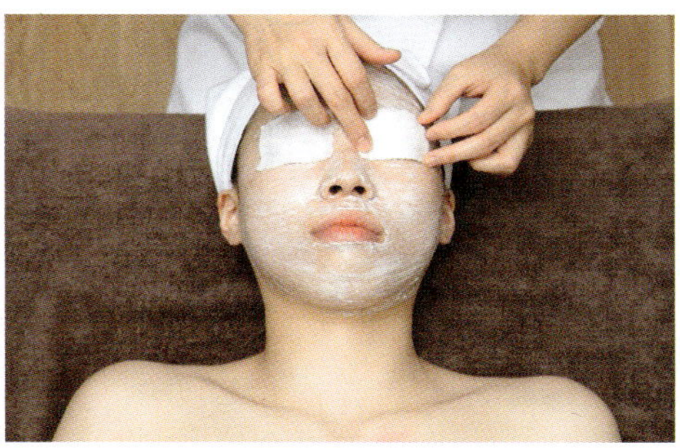

④ 젖은 화장솜 얹어두기

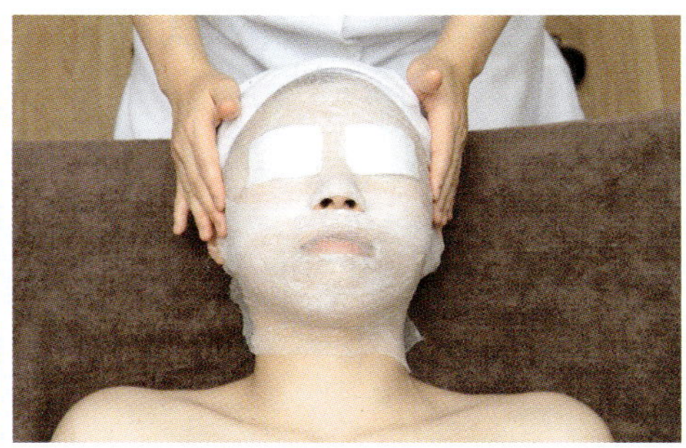

⑤ 거즈 올리기

⑥ 석고 모델링 마스크 준비하기

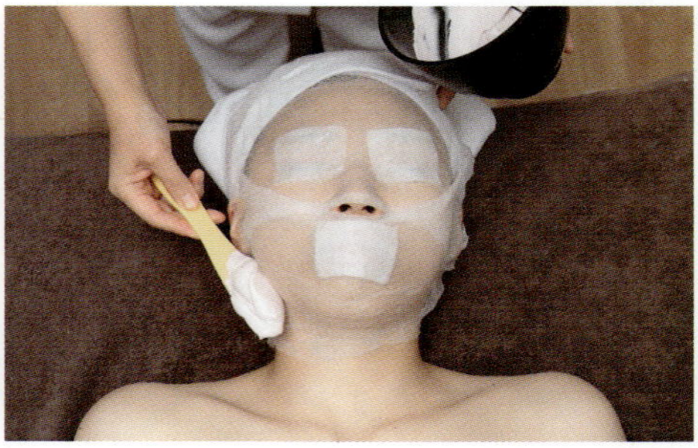

⑦ 석고 모델링 마스크 도포하기 1

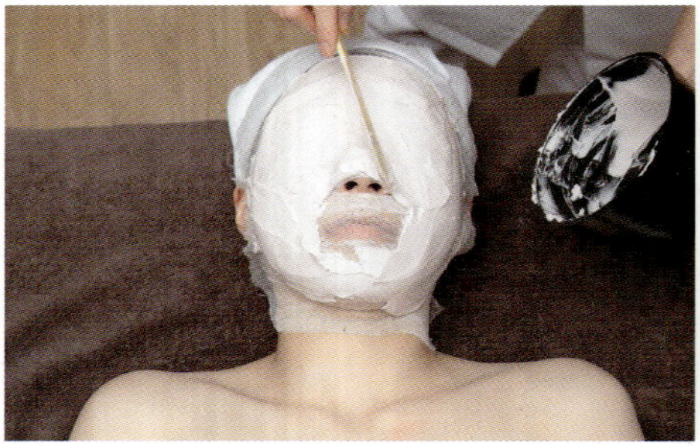

⑧ 석고 모델링 마스크 도포하기 2

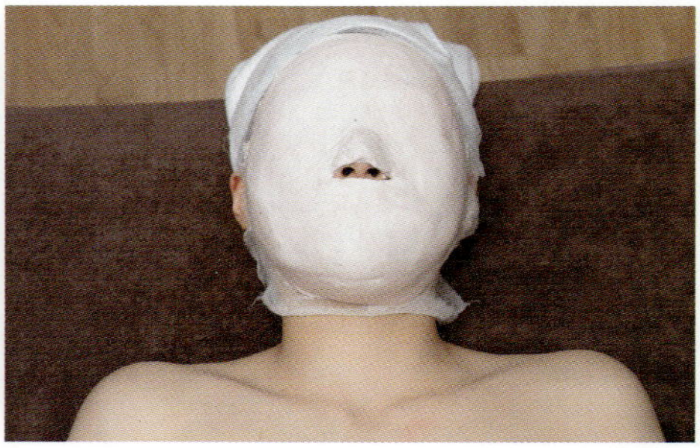

⑨ 석고 모델링 마스크 완성

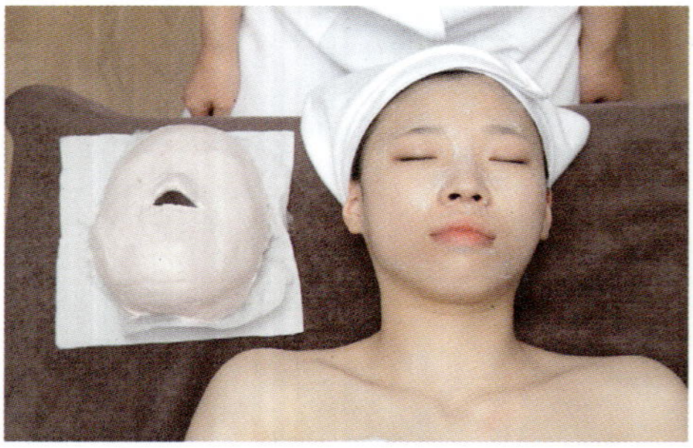

⑩ 석고 모델링 마스크 제거하기

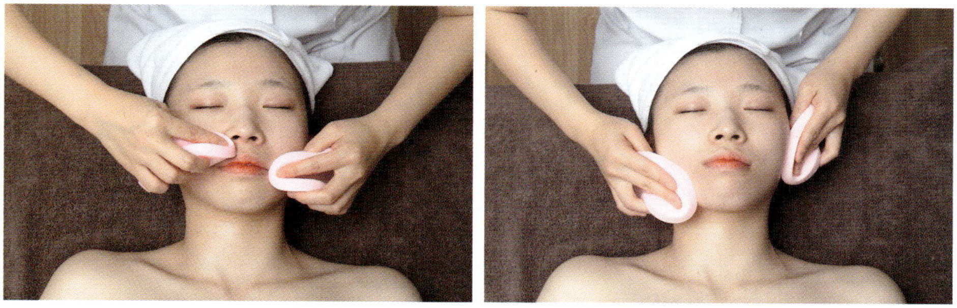

⑪ 해면 사용하기

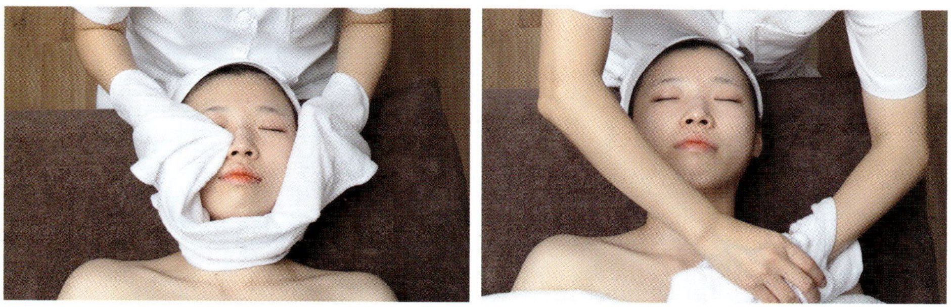

⑫ 냉습포 사용하기

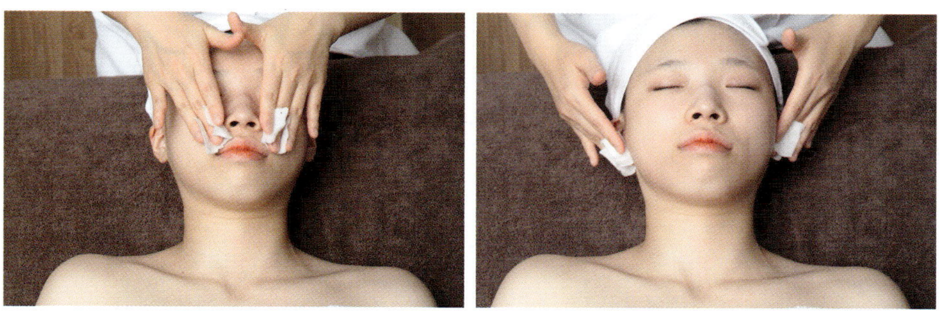

⑬ 토너 정리하기

(4) 콜라겐 벨벳 마스크Collagen-velvet mask

1) 작용원리

영양물질이 시트위에 부착되어 건조되어 있는 콜라겐 성분을 다시 용해하여 피부에 흡수시키는 마스크이다.

2) 효과

콜라겐의 효과로 강력 보습과 탄력 관리에 아주 효과적이다.

3) 콜라겐 벨벳 마스크 사용방법 및 주의사항

① 사용방법

[준비물]

콜라겐 벨벳 마스크 제품, 물 또는 액티베이터, 스패튤러, 브러시, 유리볼, 소독용 알코올, 젖은 화장솜, 해면, 피부유형별 토너 등

[관리순서]

터번하기 → 손 소독하기 → 벨벳 마스크 재단하기→ 벨벳 마스크 부착하기 → 기포없는 밀착을 위한 보조작업 → 일정시간 후, 제거 → 토너 정리하기

② 주의사항

- 마스크 도포 전, 유분기가 많은 영양물질의 도포를 피하도록 한다.
- 얼굴 형에 맞게 재단하고 코 부위, 입 부위는 절개한다.
- 피부에 기포 없이 완전 밀착시키도록 해야 효과적이다.
- 마스크 제거 후 잔여물이 남지 않았는지 잘 살펴본다.

① 손 소독하기

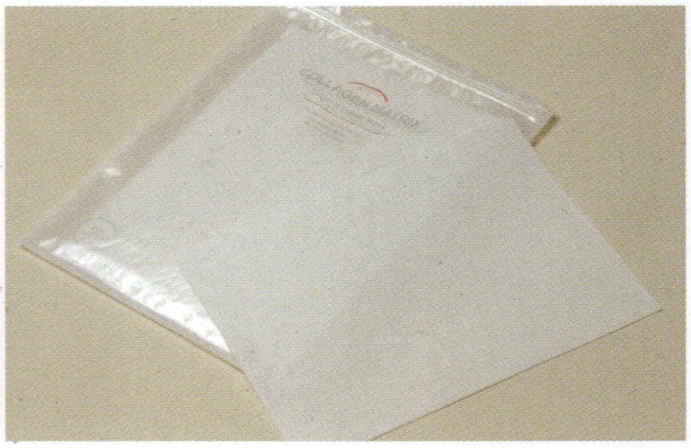

② 콜라겐 벨벳 마스크 준비 및 재단하기

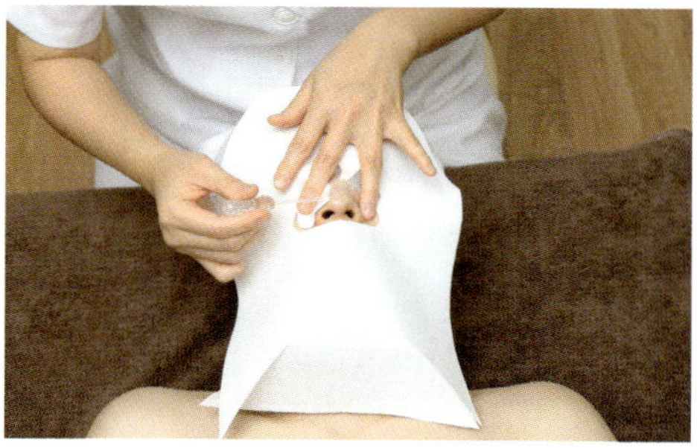

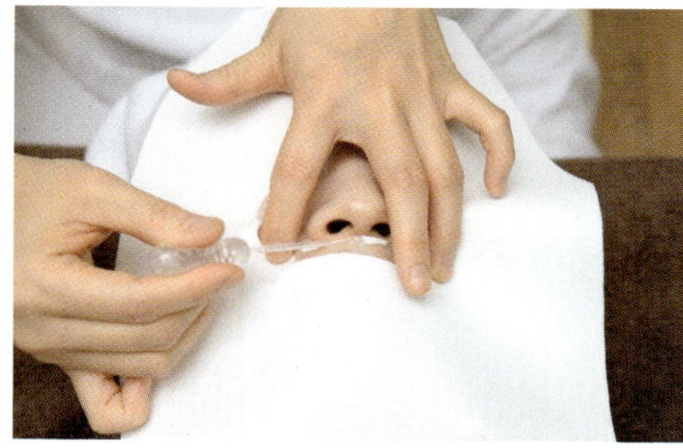

③ 콜라겐 벨벳 마스크 부착하기 1

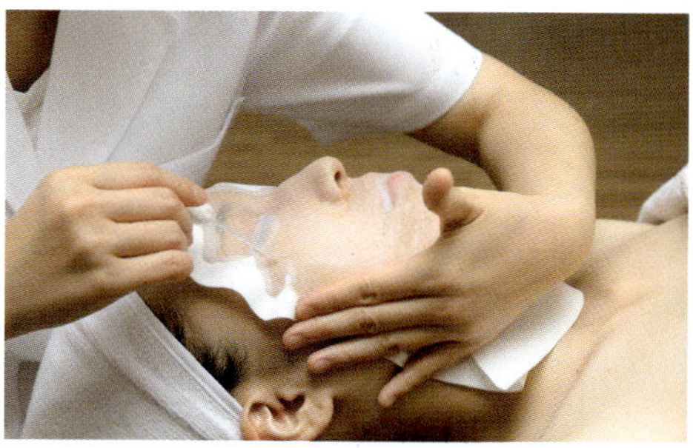

④ 콜라겐 벨벳 마스크 부착하기 2

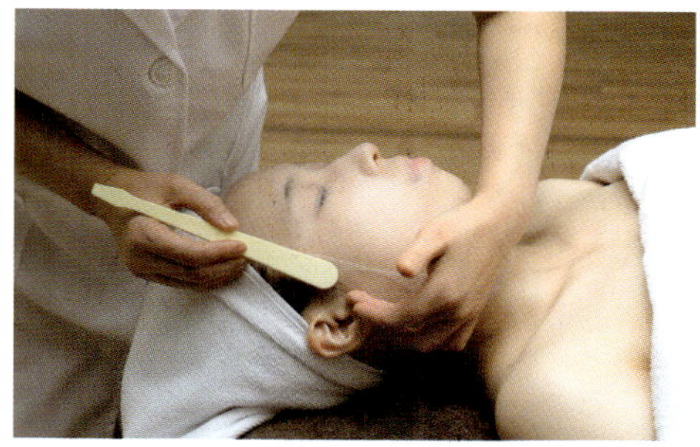

⑤ 기포 없는 밀착을 위한 보조 작업하기

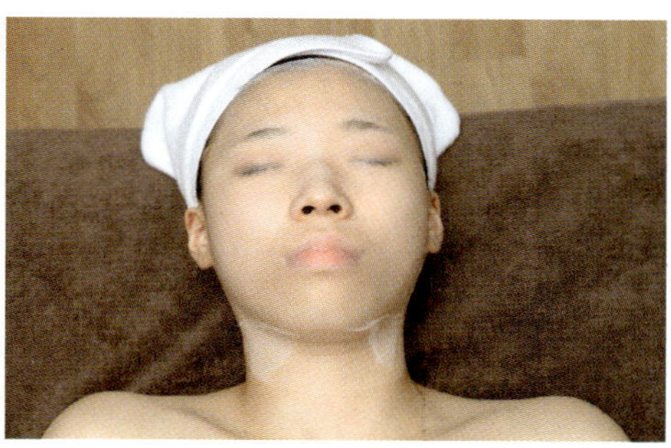

⑥ 콜라겐 벨벳 마스크 완성

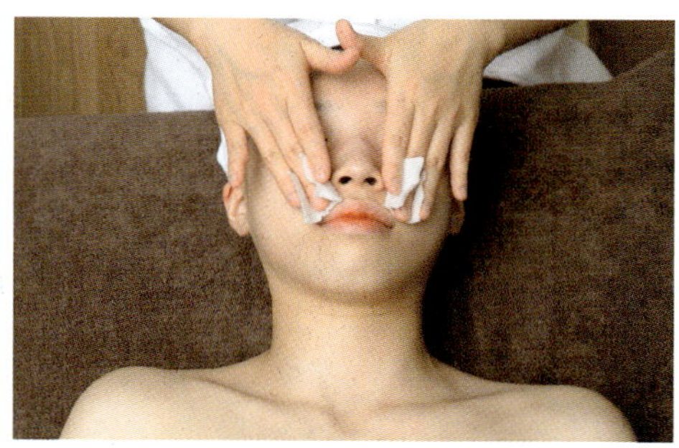

⑦ 토너 정리하기

2. 얼굴 관리 마무리하기

팩과 마스크 관리 후, 피부유형에 맞는 토너, 영양크림, 자외선 차단제를 이용하여 얼굴관리를 마무리하는 작업이다.

1. 얼굴 관리 마무리

(1) 기초화장품의 종류

① 토너Toner

클렌징 후, 메이크업 잔여물 제거의 청결목적과 피부의 호흡기능을 도와 세포의 기능을 회복시켜 주는 기능 및 일시적 알칼리 상태의 피부를 pH균형을 회복시켜 약산성 상태로 돌려주는 기능을 한다.

② 에센스Essence, 세럼Serum

피부 유형에 따라 필요한 영양성분을 다량 함유하고 있으며, 제형으로는 토너, 로션, 오일, 겔, 바움 타입 등이 있다.

③ 데이 크림Day cream

적절한 보습성분을 함유하고 있으며, 활동 시간에 자외선 및 외부 환경으로부터 피부를 보호하는 기능을 하는 크림이다.

④ 나이트 크림Night cream

활동으로 인해 지친 피부에 충분한 수분과 적절한 유분, 피부 목적에 맞는 영양을 공급하는 크림이다.

⑤ 데이 & 나이트 크림겸용제품

영양공급보다는 데이크림에 가까운 올인원 크림이다.

⑥ 자외선 차단제Sun cream

자외선으로부터 피부의 직접적인 접촉을 피하도록 차단 성분을 함유한 크림이다.

(2) 자외선 차단제

개인의 광선에 대한 피부 민감도 및 피부노출시간, 계절 등에 따라 여러 자외선 차단 제품 중에서 적절히 선택하여 사용한다.

① **자외선 차단지수**SPF, Sun Protection Factor

자외선 차단지수는 UVB에 대한 일광화상이 일어나기 전까지 피부를 보호해 주는 시간이다.

SPF 1은 보통 10~15분 정도, 백인의 경우 10분, 황인의 경우 15~20분 정도로 보며, 피부 보호적 측면에서 숫자가 높을수록 UVB 차단 기능이 강하다고 본다.

$$SPF = \frac{\text{자외선 차단제품을 사용했을 때의 최소 홍반량}_{MED}}{\text{자외선 차단제품을 사용하지 않았을 때의 최소 홍반량}_{MED}}$$

Check Point

MEDMinimal Erythema Dose**란?**

자외선이 피부에 홍반을 나타내는 최소한의 자외선 양시간

즉, 최소 홍반량을 나타낸다.

② **PA**Protection Factor, Protection grade of UVA

UVA에 의해 색소침착이 진행되기 전까지 피부를 보호해 주는 시간이다.

PFA를 근거로 한, 분류등급으로 표기하고 있으며 +는 2배, ++ 4배, +++는 8배, ++++는 16배의 차단효과를 가진다.

PA+ = 2~4시간 정도로 PA+ ~ PA++++가 있으며, +가 많을수록 UVA 차단 기능이 강하다고 본다.

$$PFA = \frac{\text{제품을 바른 피부의 최소지속형 즉시흑화량}_{MPPD}}{\text{제품을 바르지 않은 피부의 최소지속형 즉시흑화량}_{MPPD}}$$

MPPDMinimal Persistent Pigment darkening Dose**란?** *Check Point*

자외선이 피부에 흑화를 나타내는 최소한의 자외선 양시간

즉, 최소 지속형 즉시 흑화량을 나타낸다.

올바른 자외선 차단제 선택하기 *Check Point*

자외선 차단제 선택 시, 자외선 차단지수가 높은 것에 집착하는 분들이 많은데, 차단지수가 지나치게 높은 제품은 피부를 자극해 피부 트러블의 원인이 되므로, 활동시간과 활동의 특성에 따라 본인에게 맞는 제품을 선택하여 사용한다.

또한 숫자나 +의 숫자가 2배라고 해서 2배의 차단효과를 가진다고는 볼 수 없으며, 광선의 강도와 지속시간에 따른 광선의 양, 광선의 파장, 개개인의 피부민감도에 따라 사용법을 다르게 해야 한다.

즉, 100% 자외선을 차단시키는 제품은 없기 때문에 올바른 자외선 차단제 도포방법을 익히도록 한다.

2. 피부 유형에 따른 기초화장품의 선택

(1) 정상 · 중성 피부Normal skin

미美적인 부분과 기능적 부분이 가장 조화로운 이상적인 피부이다.

현 피부의 상태를 유지하기 위해 규칙적인 기초손질에 신경 쓰며 수분과 유분의 균형을 맞추어 주는 보습제품을 사용하도록 한다.

주름이 지기 쉬운 눈가는 아이전용 제품을 사용하며 노화와 색소의 예방을 위해서는 자외선 차단제를 꾸준히 바르도록 한다.

(2) 건성 피부Dry skin

건성 피부는 여러 가지 요인들로 인해 수분과 유분이 부족한 피부이다.

수분·영양공급과 함께 피지분비를 정상화하여 주는 데 중점을 두어 관리한다.

수분이 부족하면 피부가 예민화 되기 쉽고, 노화의 한 과정이 건성화이기 때문에 건성 피부의 경우는 초기부터 로션, 크림 등의 아이크림, 영양크림, 자외선 차단제를 꾸준히 바르도록 한다.

(3) 지성 피부Oily skin

과도한 피지분비로 인하여 여드름 등의 염증성 병변으로 전이될 가능성이 높은 피부이다. 피부 청결과 피지분비를 정상화시켜주는 데 중점을 두어 관리한다.

피부의 노화가 더디게 진행되므로 피부 조직학적으로는 가장 건강한 피부이나, 번들거림을 제거하기 위한 지나친 탈지나 아무것도 바르지 않는 습관으로 인해 수분부족, 피지과다 상태가 되기도 하므로 산뜻한 느낌의 지성용 제품들을 꾸준히 바르도록 한다.

(4) 복합성 피부Combination skin

부위별로 수분과 유분의 분비량이 달라 두 가지 이상의 피부유형이 얼굴에 나타나는 피부이다. 피지분비를 정상화하여 주고 수분공급을 목적으로 관리하며, 부위별 필요한 제품을 선택하도록 한다.

(5) 예민성 피부Sensitive skin

유·수분이 부족하고 피부를 보호하고 있는 각질층이 얇아 건조와 예민이 동반된 피부이다.

화장품 성분에 따라 민감하게 자극받기 쉬우며, 고농축·고영양의 제품보다는 부드러운 타입의 기본 라인을 사용하는 것이 효과적이며, 보습과 피부진정을 목적으로 관리하도록 한다.

노화와 자극예방을 목적으로 아이크림과 자외선 차단제는 꾸준히 바르도록 한다.

(6) 노화 피부Aging skin

나이가 들어감에 따라 수분과 유분, 영양이 부족하여 주름과 탄력이 저하되고 색소가 많아지며 재생력이 부족해지기 쉬운 피부이다.

고농축 영양관리를 꼼꼼히 해주며, 노화현상에 더디게 진행될 수 있도록 예방과 노화 지연을 목적으로 관리하도록 한다.

(7) 여드름 피부Acne skin

면포, 구진, 농포 등의 여드름이 발생한 피부이다.

항균·항염·진정관리에 중점을 두어 관리하며, 여드름의 근본 원인에 따라 보습·피지조절 제품 등을 적절히 선택하도록 한다.

건강한 피부관리 유지법 Check Point

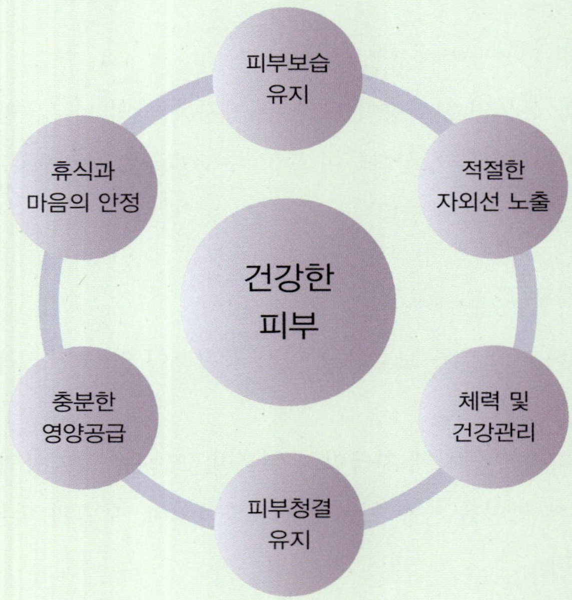

3. 얼굴관리 마무리 실전

(1) 얼굴관리 마무리하기

1) 방법 및 주의사항

① 방법

[준비물]

피부 유형별 토너, 아이&립 크림, 피부 유형별 보습&영양크림, 자외선차단제, 스패튤러, 소독용 알코올, 젖은 화장솜 등

[관리순서]

터번하기 → 손 소독하기 → 토너 정리하기→ 아이&립 크림 도포 및 흡수하기 → 보습&영양크림 도포 및 흡수하기 → 자외선차단제 도포 및 흡수하기 → 마무리 동작

② 주의사항

- 헤어나 귀 뒤, 목 뒤 등 잔여물이 남지 않았는지 체크한다.
- 피부에 제품을 골고루 도포하고 흡수시키도록 한다.
- 얼굴 관리 마무리 후, 목적에 따라 파우더 룸을 이용할 수 있도록 안내한다.

① 손 소독하기

② 토너 준비하기

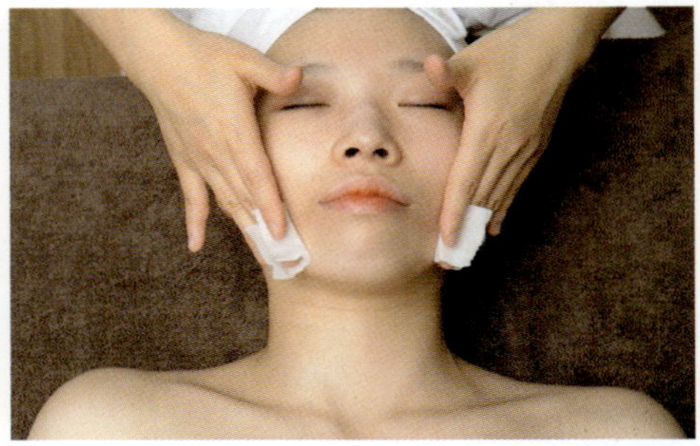

③ 토너 정리하기

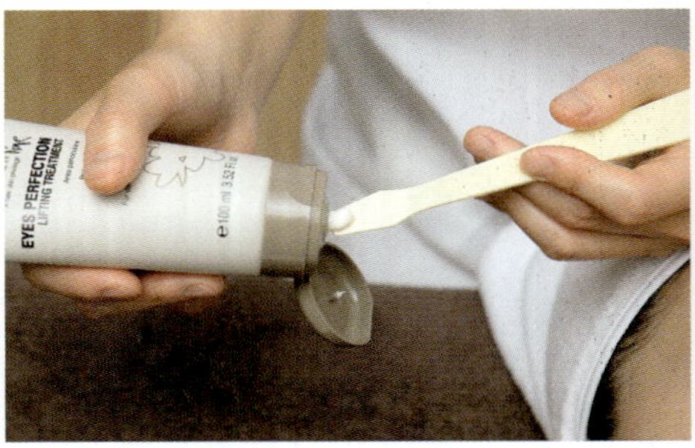

④ 아이&립 크림 준비하기

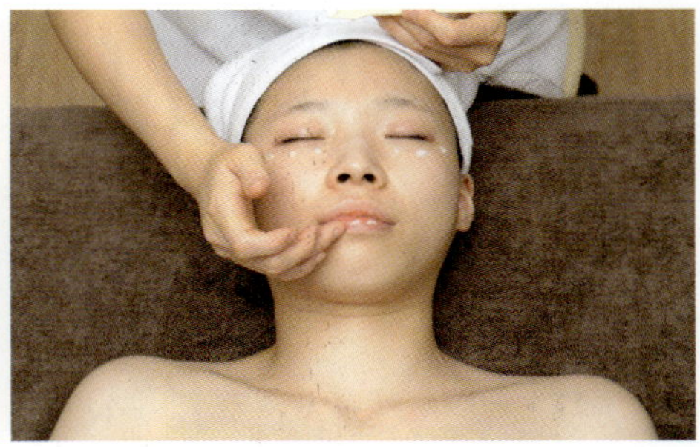

⑤ 아이&립 크림 도포 및 흡수하기

⑥ 보습 & 영양크림 준비하기

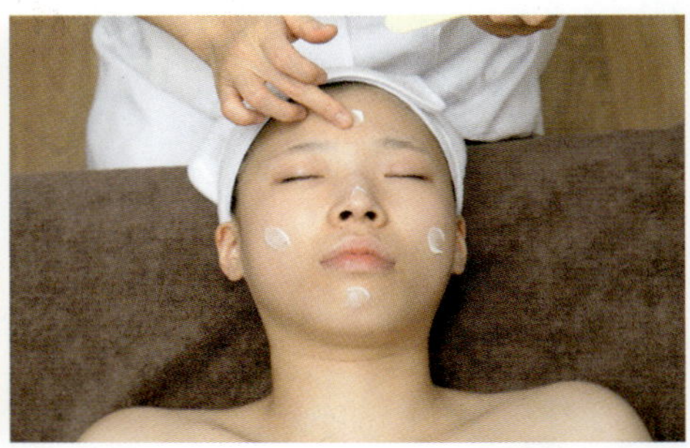

⑦ 보습 & 영양크림 도포 및 흡수하기

⑧ 자외선 차단제 준비하기

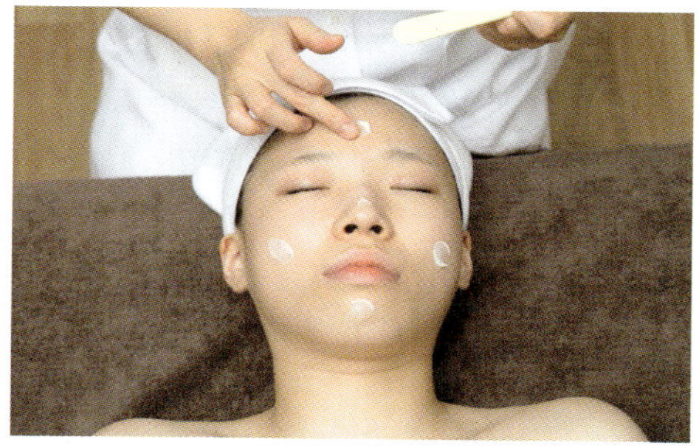

⑨ 자외선 차단제 도포 및 흡수하기

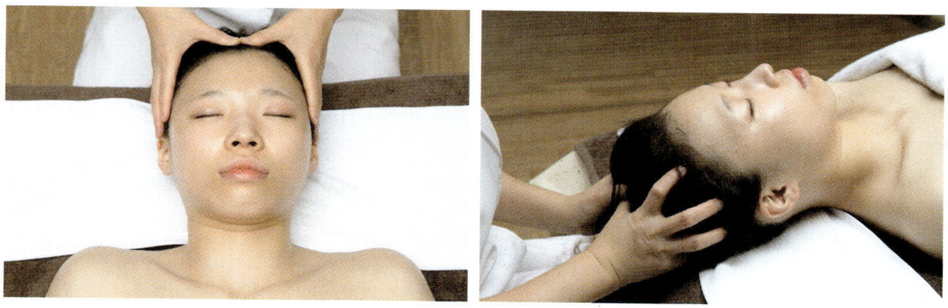

⑩ 마무리 동작하기 1

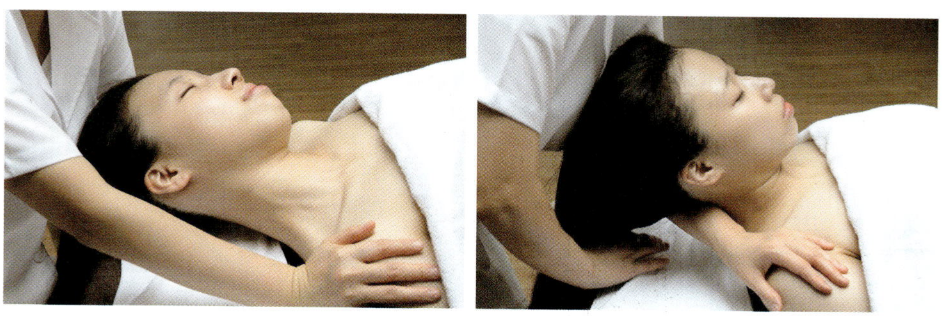

⑪ 마무리 동작하기 2

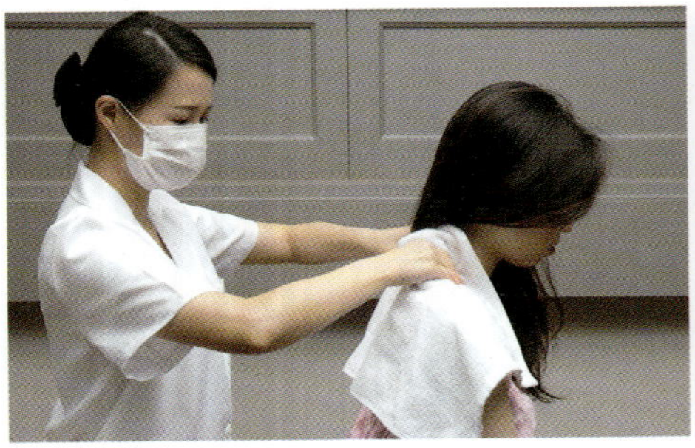

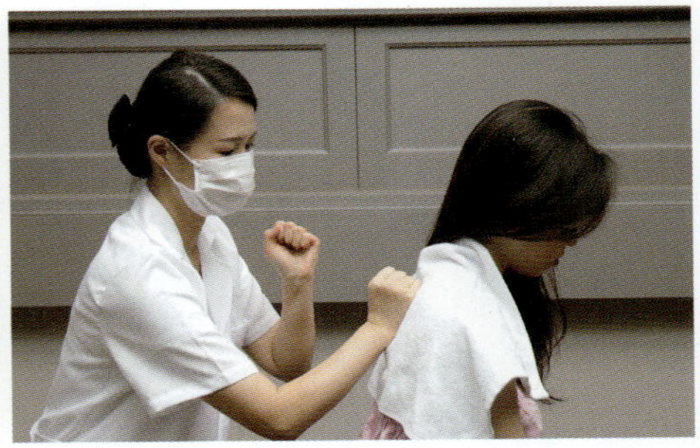

⑫ 마무리 동작하기 3

피부미용 국가직무능력표준 개요

1. 국가직무능력표준(NCS, national competency standards)

국가직무능력표준NCS은 산업현장에서 직무를 수행하기 위해 요구되는 지식·기술·소양 등의 내용을 국가가 산업부문별·수준별로 체계화한 것으로, 국가적 차원에서 표준화한 것을 의미한다.

2. 국가직무능력표준의 수준체계

수 준	내 용
8수준	(정의) 해당분야에 대한 최고도의 이론 및 지식을 활용하여 새로운 이론을 창조할 수 있고, 최고도의 숙련으로 광범위한 기술적 작업을 수행할 수 있으며 조직 및 업무 전반에 대한 권한과 책임이 부여된 수준
	(지식기술) • 해당분야에 대한 최고도의 이론 및 지식을 활용하여 새로운 이론을 창조할 수 있는 수준
	(역량) • 조직 및 업무 전반에 대한 권한과 책임이 부여된 수준
	(경력) • 7수준에서 2-4년 정도의 계속 업무 후 도달 가능한 수준
7수준	(정의) 해당분야의 전문화된 이론 및 지식을 활용하여, 고도의 숙련으로 광범위한 작업을 수행할 수 있으며 타인의 결과에 대하여 의무와 책임이 필요한 수준

7수준	(지식기술) • 해당분야의 전문화된 이론 및 지식을 활용할 수 있으며, 근접분야의 이론 및 지식을 사용할 수 있는 수준 • 고도의 숙련으로 광범위한 작업을 수행하는 수준
	(역량) • 타인의 결과에 대하여 의무와 책임이 필요한 수준
	(경력) • 6수준에서 2~4년 정도의 계속 업무 후 도달 가능한 수준
6수준	(정의) 독립적인 권한 내에서 해당분야의 이론 및 지식을 자유롭게 활용하고, 일반적인 숙련으로 다양한 과업을 수행하고, 타인에게 해당분야의 지식 및 노하우를 전달할 수 있는 수준
	(지식기술) • 해당분야의 이론 및 지식을 자유롭게 활용할 수 있는 수준 • 일반적인 숙련으로 다양한 과업을 수행할 수 있는 수준
	(역량) • 타인에게 해당분야의 지식 및 노하우를 전달할 수 있는 수준 • 독립적인 권한 내에서 과업을 수행할 수 있는 수준
	(경력) • 5수준에서 1~3년 정도의 계속 업무 후 도달 가능한 수준
5수준	(정의) 포괄적인 권한 내에서 해당분야의 이론 및 지식을 사용하여 매우 복잡하고 비일상적인 과업을 수행하고, 타인에게 해당분야의 지식을 전달할 수 있는 수준
	(지식기술) • 해당분야의 이론 및 지식을 사용할 수 있는 수준 • 매우 복잡하고 비일상적인 과업을 수행할 수 있는 수준
	(역량) • 타인에게 해당분야의 지식을 전달할 수 있는 수준 • 포괄적인 권한 내에서 과업을 수행할 수 있는 수준
	(경력) • 4수준에서 1~3년 정도의 계속 업무 후 도달 가능한 수준

4수준	(정의) 일반적인 권한 내에서 해당분야의 이론 및 지식을 제한적으로 사용하여 복잡하고 다양한 과업을 수행하는 수준
	(지식기술) • 해당분야의 이론 및 지식을 제한적으로 사용할 수 있는 수준 • 복잡하고 다양한 과업을 수행할 수 있는 수준
	(역량) • 일반적인 권한 내에서 과업을 수행할 수 있는 수준
	(경력) • 3수준에서 1-4년 정도의 계속 업무 후 도달 가능한 수준
3수준	(정의) 제한된 권한 내에서 해당분야의 기초이론 및 일반지식을 사용하여 다소 복잡한 과업을 수행하는 수준
	(지식기술) • 해당분야의 기초이론 및 일반지식을 사용할 수 있는 수준 • 다소 복잡한 과업을 수행하는 수준
	(역량) • 제한된 권한 내에서 과업을 수행하는 수준
	(경력) • 2수준에서 1~3년 정도의 계속 업무 후 도달 가능한 수준
2수준	(정의) 일반적인 지시 및 감독 하에 해당분야의 일반 지식을 사용하여 절차화되고 일상적인 과업을 수행하는 수준
	(지식기술) • 해당분야의 일반 지식을 사용할 수 있는 수준 • 절차화되고 일상적인 과업을 수행하는 수준
	(역량) • 일반적인 지시 및 감독 하에 과업을 수행하는 수준
	(경력) • 1수준에서 6~12개월 정도의 계속 업무 후 도달 가능한 수준

1수준	(정의) 구체적인 지시 및 철저한 감독 하에 문자이해, 계산능력 등 기초적인 일반지식을 사용하여 단순하고 반복적인 과업을 수행하는 수준
	(지식기술) • 문자이해, 계산능력 등 기초적인 일반 지식을 사용할 수 있는 수준 • 단순하고 반복적인 과업을 수행하는 수준
	(역량) • 구체적인 지시 및 철저한 감독 하에 과업을 수행하는 수준

3. 피부미용 직무의 정의

피부미용은 고객의 상담과 피부분석을 통하여 안정감 있고 위생적인 환경에서 얼굴과 몸매의 피부를 피부 미용기기 및 기구와 화장품 등을 이용하여 서비스를 제공하고 피부미용에 대한 업무수행을 기획, 관리하는 일이다.

4. 본 교재에 선택한 피부미용 능력단위와 능력단위 정의

순 번	능 력 단 위	능력단위 정의
1	피부미용 얼굴각질관리	얼굴 부위의 화장이나 먼지를 닦아내고 눈썹을 정리하여 표정을 밝게 하며 딥클렌징을 통하여 묵은 각질과 모공 속에 남아있는 노폐물을 제거하는 능력이다.
2	피부미용 눈썹미용관리	얼굴 윤곽을 살리기 위해 눈썹을 정리하고 눈썹 염색을 통하여 아름다움을 더하게 하는 능력이다.
3	피부미용 얼굴 매뉴얼테크닉	얼굴 부위에 5가지 동작을 적절하게 활용하여 테크닉을 구사하고 영양물질을 도포하여 혈액을 순환시키고 유분과 수분의 유지를 돕는 능력이다.
4	피부미용 얼굴 팩·마스크	얼굴 부위 피부에 적합한 팩과 마스크를 통하여 외부 공기를 차단시켜 노폐물을 제거하고 영양물질을 흡수시켜 주어 청결하고 위생적으로 마무리를 하는 능력이다.

(1) 피부미용 능력단위별 수준과 능력단위요소

분류번호	능력단위	수준	능력단위요소
1201010212_17v4	피부미용 얼굴각질관리	2	얼굴클렌징하기
			얼굴 딥클렌징하기
1201010222_17v4	피부미용 눈썹미용관리	3	눈썹정리하기
			눈썹염색하기
1201010213_17v4	피부미용 얼굴 매뉴얼테크닉	3	매뉴얼테크닉하기
			영양물질도포하기
1201010214_17v4	피부미용 얼굴 팩·마스크	2	얼굴 팩·마스크하기
			얼굴관리 마무리하기

(2) 피부미용 능력단위명 및 수행준거

분류번호	능력단위명	수준	능력단위 요소
1201010212_17v4	피부미용 얼굴각질관리	2	얼굴클렌징하기
			얼굴 딥클렌징하기

능력단위 요소	1201010212_17v4.1 얼굴클렌징하기
수행준거	1.1 얼굴피부유형별 상태에 따라 클렌징 방법과 제품을 선택할 수 있다. 1.2 눈, 입술 순서로 포인트 메이크업을 클렌징 할 수 있다. 1.3 얼굴피부유형에 맞는 제품과 테크닉으로 클렌징하고 할 수 있다. 1.4 온습포 또는 경우에 따라 냉습포로 닦아내고 토닉으로 정리할 수 있다.

능력단위 요소	1201010212_17v4.2 얼굴 딥클렌징하기
수행준거	2.1 피부 유형별 딥클렌징 제품을 선택 할 수 있다. 2.2 선택된 딥클렌징 제품을 특성에 맞게 적용할 수 있다. 2.3 피부미용기기·기구를 활용하여 딥클렌징을 적용할 수 있다.

분류번호	능력단위명	수준	능력단위 요소
1201010222_17v4.4	피부미용 눈썹미용관리	3	눈썹정리하기
			눈썹염색하기

능력단위 요소	1201010222_17v4.1 눈썹정리하기
수행 준거	1.1 눈썹정리를 위해 도구를 소독하여 준비할 수 있다. 1.2 고객이 선호하는 눈썹형태로 정리할 수 있다. 1.3 눈썹정리 후 정리한 부위에 대한 진정관리를 실시할 수 있다.

능력단위 요소	1201010222_17v4.2 눈썹염색하기
수행 준거	2.1 눈썹 염색약과 도구를 위생적으로 준비할 수 있다. 2.2 눈썹을 위생적으로 소독한 후 브러쉬로 가지런히 할 수 있다. 2.3 눈썹 염색약을 준비하고 고객의 요청에 따라 눈썹을 염색할 수 있다.

분류번호	능력단위명	수준	능력단위 요소
1201010212_17v4	피부미용 얼굴 매뉴얼테크닉	3	매뉴얼테크닉하기
			영양물질도포하기

능력단위 요소	1201010213_17v4.1 매뉴얼테크닉하기
수행 준거	1.1 얼굴의 피부유형과 부위에 맞는 매뉴얼 테크닉을 하기 위한 제품을 선택할 수 있다. 1.2 선택된 제품을 피부에 도포할 수 있다. 1.3 5가지 기본 동작을 이용하여 매뉴얼테크닉을 적용 할 수 있다. 1.4 얼굴의 피부상태와 부위에 적정한 리듬, 강약, 속도, 시간, 밀착 등을 조절하여 매뉴얼 테크닉을 적용할 수 있다.

능력단위 요소	1201010213_17v4.2 영양물질도포하기
수행 준거	2.1 피부유형에 따라 영양물질을 선택 할 수 있다. 2.2 피부유형에 따라 영양물질을 필요한 부위에 도포 할 수 있다. 2.3 제품의 특성에 따라 영양물질을 흡수되도록 할 수 있다

분류번호	능력단위명	수준	능력단위 요소
1201010212_17v4	피부미용 얼굴 팩·마스크	2	얼굴 팩·마스크하기
			얼굴관리 마무리하기

능력단위 요소	1201010214_17v4.1 얼굴 팩·마스크하기
수행 준거	1.1 피부유형에 따라 팩과 마스크종류를 선택 할 수 있다. 1.2 제품 성질에 맞게 팩과 마스크를 적용할 수 있다. 1.3 관리 후 팩과 마스크를 안전하게 제거할 수 있다.

능력단위 요소	1201010214_17v4.2 얼굴관리 마무리하기
수행 준거	2.1 얼굴관리가 끝난 후 토닉으로 피부정리를 할 수 있다. 2.2 고객의 얼굴피부유형에 따른 기초화장품류를 선택할 수 있다. 2.3 영양물질을 흡수시키고 자외선 차단제를 사용하여 마무리 할 수 있다.

참고 문헌

- 강수경 외 6인, "살롱 트리트먼트", 청구문화사, 2003.
- 고등학교 피부관리, 수원 여자대학 국정 도서 편찬 위원회, 교육인적자원부, 2003.
- 고혜정 외, "미용과 근육", 메디시언, 2014.
- 구희연 이은주, "많이 바를수록 노화를 부르는 대한민국 화장품의 비밀", 기획출판 거름, 2009.
- 권경옥 외 5인, "신화장품학", 동화기술,1997.
- 권혜영 외 4인, "NCS를 기반으로 한 기초 에스테틱", 메디시언, 2015.
- 권혜영 외 7인, "피부과학", 메디시언, 2014.
- 김경란 외 7인, "살롱에스테틱", 청구문화사, 2008.
- 김경미 외 외 5인, "NCS를 기반으로 한 기초 피부미용 관리학", 메디시언, 2016.
- 김광옥 외 10인, "피부관리 이론과 실제", 성화출판사, 2003.
- 김광옥 외 5인, "피부관리학 이론 및 실기", 청구문하사, 2006.
- 김광옥 외, "근육학", 성화, 2010.
- 김광옥, "최신경락학", 청구문화사, 2002.
- 김기연 외 11인, "피부관리학 이론 및 실제", 수문사, 2015.
- 김문주 외 7인, "Basic Aesthetics", 성화출판사, 2001.
- 김봉인 외 8인, "NEW 미용기기학 개정판", 메디시언, 2017.
- 김상현, "재미있는 피부이야기", 정담미디어, 2005.
- 김연주 외 7인, "화장품과학", 청구문화사, 2006.
- 김주덕 외 1인, "단장에서 화장까지 최신 화장품학", 광문각, 2018.
- 김춘자, "실전 전기미용기기학", 훈민사, 2008.
- 김희진 외 3인, "임상피부관리학", 청구문화사, 2005.
- 김희진 외 3인, "임상피부미용 Salon treatment" , 청구문화사, 2009.
- 김희진 외 3인, "피부미용 전문인을 위한 현장실무 피부미용", 청구문화사, 2014.
- 김희진 외 7인, "피부과학", 청구문화사, 2006.
- 마쓰오카 가가요코, "손이 따뜻해야 건강하다. 손 마사지", DSBOOKS, 2017.
- 박시현 외, "재미있는 근육학이야기", 박시현근육학 연구소, 2010.
- 박시현, "근육학 마사지", 박시현근육학 연구소, 2013.
- 안현경 외 6인, "미용기기학", 청구문화사, 2003.
- 원윤경 외 1인, "피부미용기기학", 훈민사, 2006.
- 이성옥 신명선 공저, "EBS 교육방송교재 피부미용학", 느낌이 좋은책, 2008.
- 이성옥 이화자 공저, "EBS 교육방송교재 피부학", 느낌이 좋은책, 2008.
- 이정숙 외 4인, "기초 안면관리", 수문사, 2014.
- 전숙경 외, "딥티슈근육마사지", 메디시언, 2014.

- 조기여 외 6인, "피부과학", 성화출판사, 2001
- 주춘재 글,그림 정창현 · 백유상 옮김, "중국전통문화총서4 경락경혈 십사경"청홍, 2005.
- 지제근, "알기쉬운 의학용어 풀이집", 고려의학, 1998.
- 최민령 외 4인, "The Beauty Make-up", 예림, 2004.
- 하명희 외, "기초피부미용학", 성화, 2012.
- 하병조 외 4인, "화장품화학", 수문사, 2002.
- 한국미용학회, "미용학사전", 신광출판사, 2003.
- 한국산업인력공단 국가직무능력표준 www.ncs.go.kr
- 한영숙 외 4인, "피부미용학", 청구문화사, 2014.
- 허은영 외 8인, "메디-에스테티션을 위한 메니컬 스킨케어", 성안당, 2013.
- (사) 한국피부미용사회중앙회, "피부미용실기교본", 정문사, 2007.
- 2016 국가직무능력표준 피부미용 표준 및 활용패키지.
- James H. Clay 외, "DVD로 배우는 클리니컬 마사지", 도서출판 영문출판사, 2007.

찾아 보기

INDEX

국가직무능력표준
피부미용 얼굴 관리

2020년 2월 25일 초판 인쇄
2020년 3월 1일 초판 발행

저 자 김희진 · 이성옥 · 이화자

발행인 주병오 · 주민기

발행처 메디시안

경기도 파주시 회동길 209
파주출판문화도시

마케팅팀 (031) 955-7566·7577
편집디자인팀 (031) 955-7731
FAX (031) 955-7730
독자의견 전화 (031) 955-7577
홈페이지 www.ji-gu.co.kr
이메일 jigupub@hanmail.net
등록번호 2005년 2월 16일
제 406-2005-000045호

ISBN 979-11-86739-89-1

책은 사람을 만들고
사람은 책을 만든다.

값 22,000원

국가직무능력표준
피부미용 얼굴 관리

2020년 2월 25일 초판 인쇄
2020년 3월 1일 초판 발행

저 자 김희진 · 이성옥 · 이화자 · 권혜영
김영주 · 박경선 · 윤미선 · 이명숙
이정선 · 최성임 · 최수기

발행인 주병오 · 주민기

발행처 메디시언

경기도 파주시 회동길 209
파주출판문화도시

마케팅팀 (031) 955-7566·7577
편집디자인팀 (031) 955-7731
FAX (031) 955-7730
독자의견 전화 (031) 955-7577
홈페이지 www.ji-gu.co.kr
이메일 jigupub@hanmail.net
등록번호 2005년 2월 16일
제 406-2005-000045호

ISBN 979-11-86739-89-1

책은 사람을 만들고
사람은 책을 만든다.

값 22,000원

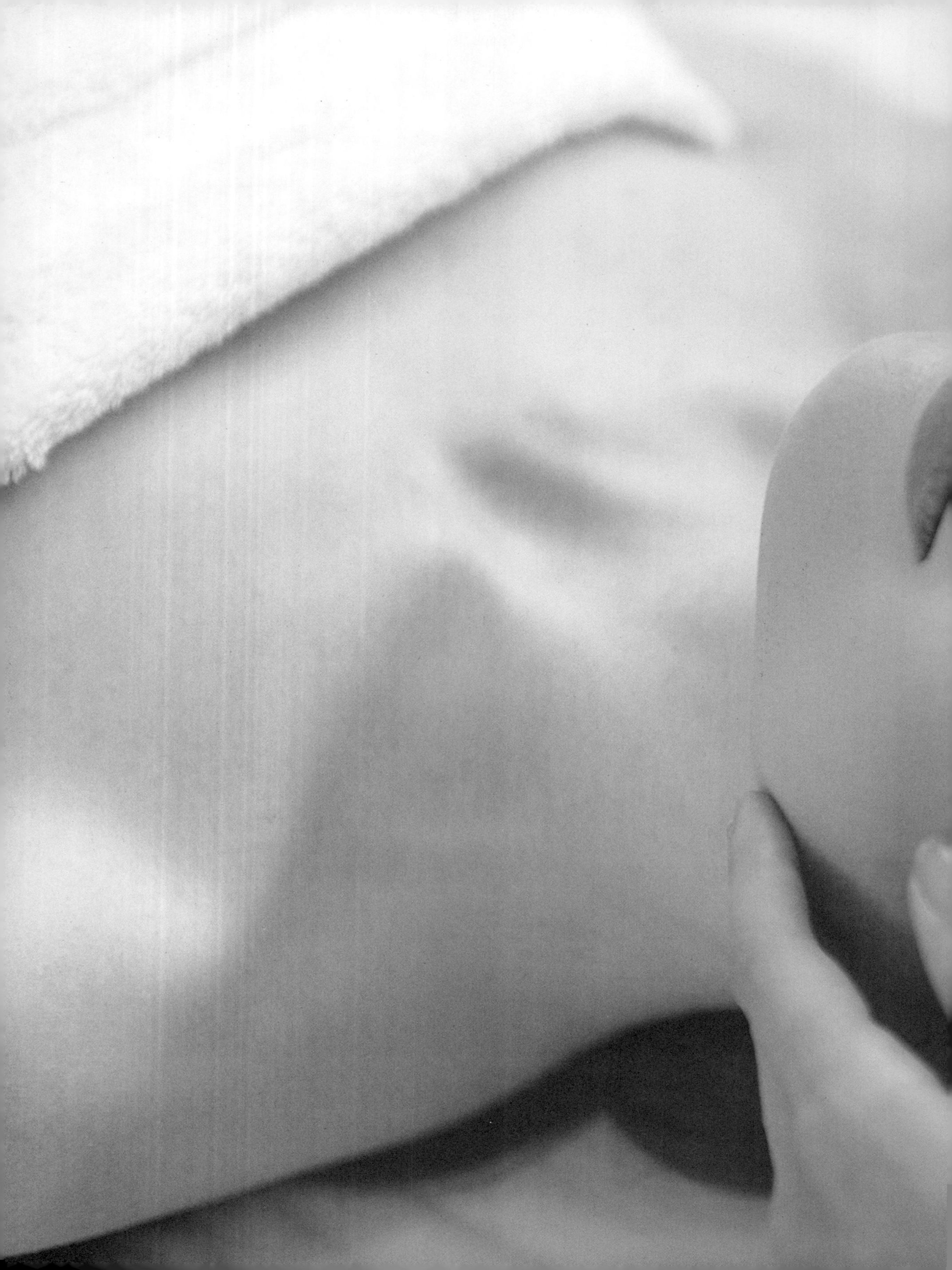